KB174731

현대인의
茶생활

현대인의 茶생활

최배영 • 장칠선 • 박영숙 지음

이담 Books

서운

복잡하고 급박한 시간 속을 걷고 있는 현대인들이라면 누구나 한 번쯤은 여유로움에 대한 동경을 그려 본 적이 있을 것이다. 그 여유로움을 찾기 위해 잠시 주위를 돌아보면 그리 멀지 않은 곳에 따스함이 묻어나는 한 잔의 茶가 있음을 발견하게 된다.

오감을 통해 느껴 볼 수 있는 한 잔의 茶. 그 안에는 茶의 색을 보고 감별하는 시각, 茶의 향을 느끼는 후각, 茶의 맛을 음미하는 미각, 茶를 우리는 물의 흐름을 감지하는 청각 그리고 茶를 담는 다기를 만지는 촉각 등의 다양한 어울림의 세계가 들어 있다. 거기에 한 가지를 덧붙인다면 茶를 함께 나눌 수 있는 사람들과의 어울림이 아닐까 한다.

茶는 우리의 심성을 맑게 하고 마음의 여유를 가질 수 있도록 하는 기호음료이다. 이는 정신건강을 증진시키고, 일상 속에서 예절 바른 태도와 생활의 멋을 지향하는 데 도움을 주며, 인격수양과 정서함양에 기여한다. 또한 茶생활은 예절이라는 아름다운 마음의 표현을 행동으로 나타내는 방법이 되기도 한다. 이로 보면 茶생활은 자신의 몸과 마음을 편안하고 맑게 하는 보물이면서 주위 사람들과의 관계를 부드럽게 만드는 향기라고 할 수 있다.

이 같은 茶생활의 좋은 점을 경험해 온 저자들은 이를 보다 많은 사람들과 함께 나누고자 이 책을 쓰게 되었다. 분주한 일상에서 잠시 벗어나 따스하고 정감 있는 茶생활을 영위하여 새로운 활력을 충전하는 데 이 책이 도움이 되기를 바란다.

이 책의 제1장에서는 茶생활에 대한 이해를 돕기 위해 차의 기원, 차나무의 특성, 차의 분류와 성분 및 효능, 그리고 차의 선택과 관리에 대해 설명하였다. 제2장에서는 한국을 비롯한 중국과 일본, 유럽의 차문화를 살펴보았으며, 제3장에서는 차를 우리고 내는 다기를 비롯하여 茶생활에 쓰이는 여러 가지 다구의 특징을 다루었다. 제4장에서는 茶생활을 영위하는 준비로서의 기본 다례, 손님을 차로 대접하는 접빈 다례 그리고 많은 사람들과 친교를 도모하는 나눔 다례에 대해 제시하였다.

현대인들이 보다 쉽게 접할 수 있는 茶생활을 중심으로 관련 내용을 엮는 시도라는 점에서 조금은 미흡하고 아쉬움이 남는 부분도 없지 않지만 이 점은 지속적으로 수정, 보완해 나갈 것을 약속한다. 책 발간에 격려와 도움을 주신 모든 분들께 진심으로 감사의 말씀을 올린다.

■ 목 차

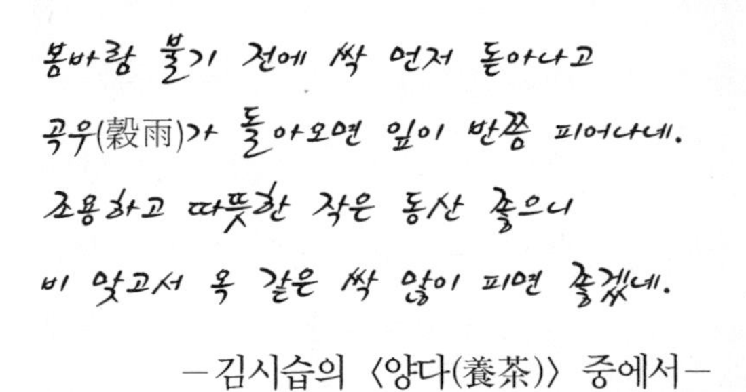

—김시습의 〈양다(養茶)〉 중에서—

제1장
茶에 대한 이해

1. 차(茶)의 기원

중국은 차의 원산지 중 하나로 차나무를 발견하고, 세계에서 제일 먼저 찻잎을 사용한 나라로 알려져 있다. 중국의 다성(茶聖)인 육우(陸羽: 733~804년)가 저술한 『다경(茶經)』에는 차의 기원을 신농(神農)으로 언급하면서 『식경(食經)』에 "차를 오래 마시면 힘이 솟고 마음이 즐거워진다."고 기록되었음을 밝혔다.

기원전 2700년경 중국 고대 삼황(三皇) 중의 한 사람인 신농이 초목의 식용과 약용의 가부를 알아보다가 독초에 중독되어 나무 아래 쓰러졌을 때 마침 차나무에서 떨어진 찻잎을 먹고 살아났다는 설이 전해진다. 현대과학으로 보면 이는 찻잎 속에 폴리페놀과 알칼로이드가 결합되어 해독작용을 하고 카페인 성분이 강심제로 작용하여 뇌를 자극해서 소성할 수 있었던 것으로 추측된다.

차에 대한 기록으로 기원전 1066년에는 서주(西周)의 파촉(巴蜀) 지방에서 차를 공납의 진품으로 다룬 사실이 『화양국지(華陽國志)』에 남아 있다. 이는 차의 가치가 매우 귀하게 여겨졌음을 말해 준다.

전한(前漢)의 선제(宣帝) 재위 때인 기원전 59년 왕포(王褒)라는 선비가 적은 노비 매매 문서인 <동약(僮約)>에도 차와 관련된 기록이 있다. 여기에는 편료(便了)라는 남종에게 무양(武陽)에서 차를 사 오는 일과 손님이 오면 차를 달이도록 했다고 기록되어 있다. 이로 보면 그 당시 차가 사대부들의 필수품으로 시장에서 상품화되고 매매가 이루어졌음을 알 수 있다. 그러나 민간인들에게까지 차가 보편화된 것은 당대(唐代)에 들어선 이후였으며 이때부터 중국은 물론 세계 각국으로 차가 퍼져 나갔다.

2. 차나무의 특성

차나무의 속명은 여러 학설이 있으나 국제식물 명칭법규에 의하면 *Camellia sinensis(L.) O. Kuntze*로 규정되어 있다. 상록수인 차나무[1]는 열대·아열대·온대성 식물로 비교적 따뜻하고 강수량이 많은 지역에 분포한다. 특히 연 강수량이 1,300~1,500㎜ 이상인 곳에서 잘 자란다.

차나무의 잎은 끝이 뾰족하고 가장자리는 톱니바퀴 모양으로 되어 있다. 7~8월의 한더위에 꽃눈이 생겨 9~12월에 꽃이 피는데 모양은 찔레꽃과 비슷하다. 대개 꽃받침조각은 5개이며, 꽃잎은 5장이다. 열매는 이듬해 9~10월에

1) 『다경(茶經)』에 따르면 차나무는 척박한 곳에서 살지만 결코 그늘진 산이나 비탈진 계곡에서는 훌륭하게 자랄 수 없다고 했다. 차나무는 볕이 잘 들며, 토심이 깊고 자갈이 섞여 물이 잘 빠지는 곳이 생장에 좋다.

완숙하며 10～11월에 둥그런 열매의 등이 터져 종자가 나온다. 이처럼 꽃과 열매를 같은 시기에 볼 수 있다고 하여 실화상봉수(實花相逢樹)라고도 한다. 뿌리는 아래로 곧게 뻗는 직근성으로 토심 2～4m까지 자라며, 곁뿌리와 가는 뿌리가 많다.

찻잎의 형태에 따라 차나무를 분류하면 다음과 같다 .

1) 중국의 소엽종(小葉種, Var. bohea)

소엽종은 중국 동남부, 한국, 일본, 대만 등지에서 많이 재배된다. 잎의 길이는 4～5㎝로 작고 단단하다. 나무의 키는 2～3m로 성장한다.

2) 중국의 대엽종(大葉種, Var. macrophylla)

대엽종은 중국의 호북성, 사천성, 운남성 일대에서 재배된다. 잎의 길이는 12～14㎝이며 약간 둥글고 크다. 나무는 5～30m까지 자란다.

3) 아샘종(Var. assamica)

아샘종은 인도 아샘지방과 미얀마 등에서 재배된다. 잎의 길이는 20～30㎝로 길고 넓다. 나무의 키는 10～20m에 이른다.

『동다송(東茶頌)』 제1장의 생장개화[一頌]

后皇嘉樹配橘德
조물주가 좋은 나무에 귤 덕성 내리시니

受命不遷生南國
명을 받아 옮기지 않고 남녘에 살며

密葉鬪霰貫冬青
잎 촘촘 싸락눈 겨뤄 삼동(三冬) 푸르게 뚫고

素化濯霜發秋榮
서리 씻고 흰 꽃 가을 영화로이 피었네.

『다경(茶經)』의 일지원(一之源)

茶者南方之嘉木也
차나무는 남쪽 지방에서 자라는 상서로운 나무다.

一尺二尺迺至數十尺
나무의 높이는 한 자나 두 자에서 수십 자에 이르기도 한다.

其巴山峽川, 有兩人合抱者, 伐而啜之
파산과 협천에는 두 사람이 함께 껴안아야 하는 것도 있는데
이런 차나무는 가지를 베어야만 잎을 딸 수 있다.

3. 차의 분류

차는 차나무의 어린잎을 주원료로 하여 가공[2]해서 만든 기호음료이다. 제조 방법이나 시기, 발효 정도, 형태, 지역 품종, 재배 방법 등에 따라 여러 가지로 분류된다. 이 중 가장 대표적인 것은 찻잎의 발효 정도에 따른 분류 방법이다.

산화효소에 의해 산화된 발효란 것은 일반적으로 말하는 미생물에 의한 발효가 아니라 찻잎에 함유된 주성분인 폴리페놀이 산화효소에 의해 황색의 데아플라빈과 적색의 데아루비긴 등으로 변함과 동시에 여러 가지 성분의 복합적인 변화에 의해 독특한 향기와 맛, 탕색(湯色)을 나타내는 작용을 말한다.

찻잎의 발효 정도에 따라 불발효차, 미발효차, 경발효차, 부분발효차, 완전발효차, 후발효차로 분류한다(<표 1－1>).

■ 발효 정도에 따른 찻잎의 분류

발효 정도에 따른 분류	발효 정도의 범위	찻잎 색에 따른 분류	대표적인 차
불발효차	5% 미만	녹차	한국녹차, 옥로차, 가루차
미발효차	5～15%	백차	백호은침, 백모단
경발효차	10～25%	황차	군산은침
부분발효차	15～70%	청차	철관음, 동정오룡, 수선
완전발효차	70～95%	홍차	기문홍차, 다즐링, 우바
후발효차	80～98%	흑차	보이차, 육보차

2) 차를 가공하여 좋은 차를 만들기 위한 주의사항은 다음과 같다.
첫째, 찻잎이 상하지 않게 따야 함은 물론 신선도를 유지하면서 제다 장소로 운반해야 한다.
둘째, 온도와 습도가 알맞아야 하고 처리하는 방법 또한 신속해야 한다.
셋째, 오염이 없는 깨끗한 환경과 건조한 장소이어야 한다.

1) 불발효차(녹차)[3]

발효 정도가 5% 미만인 차를 불발효차 혹은 비발효차라고 한다. 불발효차인 녹차는 찻잎을 채취한 뒤 바로 덖거나 증기로 쪄서 잎의 산화효소를 불활성화시켜 발효가 일어나지 않도록 만든 것으로 녹색의 색상과 탕색 그리고 신선한 풋냄새가 특징이다.

녹차의 가공은 부초차와 증제차로 구분한다. 부초차는 탕색이 녹황색이지만 증제차의 탕색은 녹색이 강하다.

부초차(釜炒茶)는 채엽(採葉)하기→살청(殺靑)하기→유념(揉捻)하기→건조(乾燥)하기를 거치는 덖음차이다. 싱싱한 찻잎을 따서(채엽) 250~300℃ 정도 가열된 가마솥에 넣어 7~8분 정도 신속하게 덖는다(살청). 완전히 덖어지면 냉각하여 비비기를 한다(유념). 비빈 찻잎의 덩어리를 풀면서 서서히 건조한다. 같은 방법으로 3~4회 되풀이하는 동안 찻잎의 수분은 5~6%까지 건조된다. 제다공정이 끝나면 밀봉하여 저온에 보관하는 것이 좋다. 부초차는 중국과 한국에서 주로 생산되고 있다.

증제차(蒸製茶)는 덖음차와 똑같은 찻잎을 가지고 제다하지만 찻잎을 익히

3) (1) 한국 녹차의 채다(採茶) 시기에 따른 분류
① 봄차: 봄차 중 첫물차는 양력 4월 20일(곡우) 전에서 5월 상순, 두물차는 양력 5월 하순에서 6월 상순에 딴다.
② 여름차: 여름차인 세물차는 양력 6월 하순에서 7월에 딴다.
③ 가을차: 가을차인 끝물차는 양력 8월 하순(처서)에서 9월 상순(백로)에 딴다.
(2) 한국 녹차의 찻잎 상태에 따른 분류
① 우전: 곡우(양력 4월 20일경) 전에 딴 여린 잎으로 만든 차다.
② 세작: 곡우에서 입하(양력 5월 5일경) 사이에 창(槍)과 기(旗)를 따서 만든 차다.
③ 중작: 세작을 딴 후 창과 기가 펼쳐진 잎으로 만든 보통 잎 크기의 차다.
④ 대작: 중작보다 더 자란 잎을 따서 만든 차다.
⑤ 엽차: 잎이 세고 여름의 햇빛을 많이 받은 거친 차다.

는 방법이 다르다. 증제차는 고압의 증기로 찻잎을 익힌 후 곧바로 냉각시켜야 한다. 증제차를 만드는 순서는 채엽하기→증엽하기→냉각하기→조유(粗揉)[4] 하기→유념하기→중유(中揉)[5]하기→정유(精揉)[6]하기→건조하기의 순으로 만들어진다. 증제차는 일본인의 취향에 맞아 일본에서 고도화된 기계시설과 제다법으로 만들어지고 있다. 일본에서는 옥로차(玉露茶) 또는 전차(煎茶)라고 한다. 지금은 고압 보일러의 증기를 이용하여 가공, 처리한다.

녹차류의 하나인 가루차는 말차라고도 한다. 이는 차광 재배한 찻잎을 증기로 찐 다음 그늘에서 건조시켜 맷돌을 사용해 아주 미세한 가루로 만든 차이다. 점다(點茶)하여 마시므로 물에 녹지 않는 비타민 A, 토코페롤, 섬유질 등을 그대로 섭취할 수 있어 영양적인 면에서 우수하다.

녹차는 살청과 건조방식에 따라 솥에서 덖어 건조시킨 초청녹차(炒青綠茶), 증기를 이용하여 살청하고 건조시킨 증청녹차(蒸青綠茶), 홍건 기계나 밀폐된 방에 불을 때어 건조시킨 홍청녹차(烘青綠茶), 햇볕에 쬐여 말려서 건조시킨 쇄청녹차(晒青綠茶)로 구분하기도 한다.

---

4) 조유는 증기로 찐 찻잎을 열풍 속에서 압박을 주면서 표면의 수분을 말리는 공정이다.

5) 중유는 찻잎 표면의 수분과 내부 수분의 확산을 균형 있게 하여 열풍으로 건조시키는 공정이다.

6) 정유는 찻잎 내부의 수분을 배출시켜 건조시키고 차의 형태를 가는 침상형 모양으로 만드는 공정이다.

▲ 녹차(찻잎, 우린 잎, 다탕)

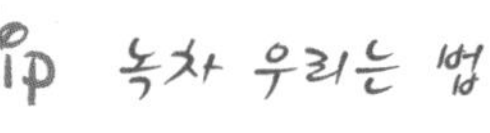

Tip 녹차 우리는 법

- 녹차의 맛은 물에 따라서도 차이를 나타낸다. 일반적으로 생수가 적당하다.
- 차를 우리기 전 끓인 물을 숙우에 따르고 그것을 다관에 붓는다. 다시 숙우에 끓인 물을 따른다. 녹차 가운데 우전은 60~65℃, 세작은 70~75℃, 중작은 80~85℃ 정도로 물을 식혀 사용한다. 물이 너무 뜨거우면 찻잎에 포함된 쓰고 떫은맛이 많이 우러나 차 맛이 감소하기 때문이다.
- 다음으로 다관에 있는 물을 찻잔에 나누어 따름으로써 다관과 찻잔을 덥히는 예열(豫熱)을 한다. 예열 과정은 차를 우렸을 때 차의 온도를 따뜻하게 유지하기 위함이다.
- 다관에 찻잎의 분량을 인원수(1인 1~2g 정도)에 맞게 넣고 식힌 물을 부어 1분에서 1분 30초 우려낸다. 차가 우려지는 동안 예열하기 위해 찻잔에 있던 물을 퇴수기에 버린다.
- 다관에서 우린 찻물을 각 찻잔의 농도를 고르게 하기 위해 2~3회 나누어 돌아가면서 따른다.

▲ 가루차(다탕)

Tip 가루차 내는 법

- 탕관에서 끓인 물(90℃ 이상)을 다완에 부어 예열을 하고 다선도 헹군다. 다완의 물을 퇴수기에 따라 버린 후 다건으로 다완의 물기를 닦는다.
- 가루차용 차시를 사용해 차호에서 가루차를 1인 기준 1~2g을 떠서 다완에 넣는다. 다완에 끓인 물을 붓고 다선으로 40~50번 정도 재빠르게 저어 격불한다.
- 가루차를 마실 때는 먼저 다식을 먹고 나서 차를 마신다.

2) 미발효차(백차)

현대 백차류의 창제는 백호은침에서 시작된다. 백호은침의 산지는 복건성 복정과 정화 등의 두 개 현이 대표적이다. 오늘날 백호은침의 차 싹은 모두 복정대백차 또는 정화대백차의 우량종 차나무에서 채집한다. 매년 가을과 겨울에 비매 관리를 강화하여 살찐 싹을 양성한다. 다음 해에 채집하는 봄차의 첫 번째 1회·2회의 정아(頂芽) 품질이 가장 훌륭하고, 3회·4회 후는 여위고 작다.

발효 정도가 5~15%로 폴리페놀의 산화 정도가 녹차보다는 약간 높고 탕색은 은백색이다. 제다과정은 채엽하기→시들리기→건조하기의 순서로 진행된다. 솜털이 많은 차의 어린 싹을 덖거나 비비지 않고 그대로 건조하여 만들어서 차 싹의 하얀 털이 선명하며, 여름철에 열을 내려 주는 작용이 강하여 중국에서는 한약재로도 쓰인다. 백호은침, 백모단, 공미, 수미 등이 있다.

3) 경발효차(황차)

황차는 중국의 차 제조 역사상 가장 오래된 차 종류의 하나이다. 고대에는 찻잎을 증기로 쪄서 병차(餠茶)나 단차(團茶)를 주로 만들었다. 송대의 기록에는 하등품으로 취급되어 차 심사에도 참가할 수 없었으나 연황색의 수색과 독특한 향미와 순한 맛을 가지고 있어 점차 애호가들로부터 사랑을 받게 되어 황차 고유의 제조 방법을 형성하게 되었다.

발효 정도가 10~25%인 황차는 지역에 따라 퇴적을 하는 방법과 퇴적을

하지 않고 종이나 나무상자에 저장하여 등황색이 될 때까지 저장하는 방법이 있다. 제다과정은 채엽하기→살청하기→민황[7]하기→유념하기→건조하기로 이루어지거나 혹은 채엽하기→살청하기→1차 유념하기→민황하기→2차 유념하기→건조하기로 이루어진다.

황차의 대표 격인 군산은침은 아주 어린 잎을 따서 100~120℃의 솥에서 3~5분간 열처리를 하고 솥에서 꺼내 고루 펴서 수증기를 날려 보낸 뒤 대나무 통에 넣고 50℃의 온도에서 1차 건조를 한다. 1차 건조된 차를 종이로 싸거나 나무상자에 넣고 40~48시간 저장해 두면 찻잎의 습열 작용에 의해 엽록소나 폴리페놀 성분이 변하여 차색이 등황색이 된다. 이것을 24시간 정도 퇴적했다가 50℃ 정도의 온도에서 다시 건조시키고 종이로 잘 포장하여 저장하는 공정으로 만든다. 북항모첨이나 몽정황아 등은 열처리를 한 뒤 찻잎을 퇴적하여 그 위에 습포를 덮어 8~36시간 동안 방치함으로써 찻잎이 황색으로 변화되도록 제조한다. 지역에 따라 유념 후에 퇴적하거나 퇴적한 후에 유념하는 경우도 있다.

현재 중국에서는 군산은침, 북항모첨, 몽정황아 등의 황차가 활발하게 생산되고 있으며, 우리나라 일부 지역에서도 황차 제품이 생산되고 있다.

---

7) 민황은 수분을 많이 함유하고 있는 찻잎을 고온 다습한 장소에서 균의 활동을 통해 가볍게 발효시키는 황차 특유의 공정이다.

▲ 백차(찻잎, 우린 잎, 다탕)

Tip 백차 우리는 법

- 백차를 우릴 때는 뜨거운 물로 1번 정도 헹구어 낸 후 90℃ 이상의 물로 우린다. 차의 분량은 1인 3g 정도로 해서 1~2분 우려서 마신다.

▲ 황차(찻잎, 우린 잎, 다탕)

Tip 황차 우리는 법

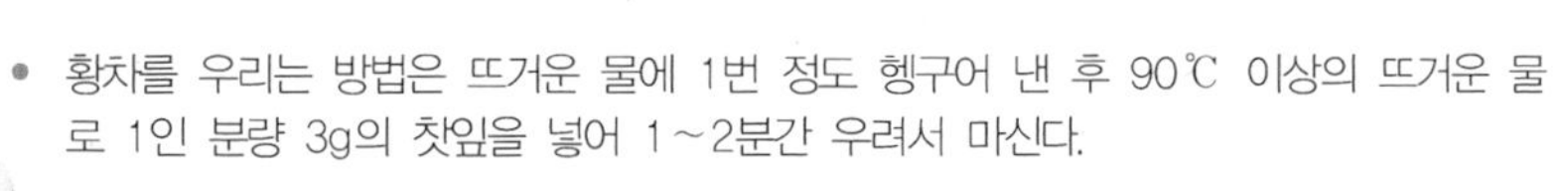

- 황차를 우리는 방법은 뜨거운 물에 1번 정도 헹구어 낸 후 90℃ 이상의 뜨거운 물로 1인 분량 3g의 찻잎을 넣어 1~2분간 우려서 마신다.

4) 부분발효차(청차)

청차는 중국 복건성 북부에서 남부까지 그리고 광동성 동부 및 대만에서 생산되는 중국 고유의 차이다. 녹차와 홍차의 중간으로 발효 정도가 15~70% 사이의 차를 말하며, 부분발효차 혹은 반발효차로 분류된다.

청차의 기원은 중국 복건성 무이산이다. 17세기 중엽 이전에 만들어졌으며, 18~19세기에 유럽에서 명성을 떨쳤다. 중국인이나 대만인들은 녹차가 오래될 경우 색, 향, 미가 줄어들기 때문에 청차를 즐긴다고 한다.

제다는 채엽하기→일광위조[8]하기→실내위조하기→주청[9]하기→살청[10]하기→유념하기→건조하기의 순이 된다. 이 가운데 주청은 찻잎과 찻잎을 서로 부딪치게 하여 청차의 향기를 생성하는 가장 중요한 가공이다. 이때 잎 가장자리의 세포조직이 파괴되면서 효소의 촉매작용으로 향기 성분의 형성이 활발히 이루어져 청차의 독특한 맛과 향을 나게 한다.

찻잎 색은 심록과 청갈색으로 이로 인하여 청차라고 불린다. 탕색은 다갈색이며 맛은 농후하다. 대부분의 청차는 우린 잎의 일부분이 홍색이고 나머지 부분은 녹색이어서 녹엽홍양변(綠葉紅攘辺)이 뚜렷하게 나타난다. 청차는 차나무 품종의 특성으로 인해 각자 독특한 맛이 형성되며, 생산지에 따라 품질에도 차이가 있다. 대표적으로 대홍포, 철관음, 황금계, 봉황단종, 봉황수선, 민북오룡, 민남오룡, 광동오룡, 대만오룡, 동정오룡, 문산포종, 동방미인 등이 널리 알려져 있다.

---

8) 위조는 찻잎을 시들게 하여 수분을 낮추는 공정이다.

9) 주청은 찻잎을 흔들어 서로 부딪치게 하여 발효를 시키는 공정이다.

10) 살청은 찻잎의 열처리로 고온에서 효소의 활동을 억제시키는 공정이다.

▲ 청차(찻잎, 우린 잎, 다탕)

Tip 청차 우리는 법

- 청차는 녹차와는 달리 형상이 곡형으로 말아져 있고, 가열처리에 의해 향기 성분이 찻잎 속에 들어 있으므로 가능한 높은 온도로 우려내야 한다.
- 중국다관에 기호에 따라 1인 기준 3~4g의 찻잎을 넣고 1번 정도 뜨거운 물로 헹구어 낸다. 다시 90℃ 이상의 뜨거운 물을 부어 1~2분 정도 우려내서 마신다.

5) 완전발효차(홍차)

홍차는 아시아, 아프리카를 중심으로 많은 나라에서 생산되고 있으며 그 제조법이나 기계설비 등도 해마다 개량되어 가고 있다. 홍차의 제다법은 지금부터 200년 전 중국에서 완성된 수제방식이 기초가 되었다. 차나무에서 채취한 원료인 생잎은 싱싱한 상태 그대로 옮겨져 즉시 제다공정에 들어가게 된다.

홍차는 완전발효차 혹은 강발효차라고도 한다. 근본적으로 홍차는 발효음료이기 때문에 가공하는 시작부터 녹차와 다를 뿐 아니라 그 제조기구에도 차이가 있다. 만드는 과정은 채엽하기→위조하기→유념 또는 유절하기(1차, 2차)→발효하기→건조하기→절단하기→선별하기의 순이다. 처음에 생잎을 그늘에서 18~20시간 정도 시들게 한다. 이때 수분이 20% 정도 감소된다. 이렇게 시들게 함으로써 홍차의 향이 좋아지며 약간의 탄력성이 생겨 부스러지지 않고 유념이 잘된다. 다음으로 비비는 과정인 유념을 하는데 녹차 가공 때와 마찬가지로 압축을 하면서 15~20분간 1차 유념을 한다. 유념 혹은 유절은 차 모양 만들기와 발효 또는 발효를 촉진하는 과정으로 공부홍차일 경우 유념을 하여 조형(條形)으로 만들고, 홍쇄차일 경우 유절하여 과립상태로 만든다.

발효는 홍차의 품질 형성에 중요한 공정으로서 녹색의 찻잎이 발효를 통해 붉은색으로 변하여 홍차의 특성인 홍탕홍엽(紅湯紅葉)이 된다. 생잎에 따라 약간의 차이가 있으나 대체로 10분 정도 2차 유념을 하면 차색은 점차 등갈색이 나면서 발효가 시작된다. 2시간 정도 발효실에 두면 자연 발효가 진행되면서 차색은 더욱 진한 등갈색으로 변한다. 건조는 차의 모양과 향기를 형성시키고 함수량을 낮추는 공정이다. 이때에 홍차의 살아 있는 산화효소의 활동을 증진시키기 위하여 즉시 건조시킨다. 건조기로는 회전건조, 열풍자동건조, 서랍식건조 등 다양한 시설로 80~90℃의 온도에서 40분간 건조하면 수분이 6% 정도가 된다. 이렇게 한 다음 적당한 크기의 채로 걸러서 절단하고 선별하면 된다.

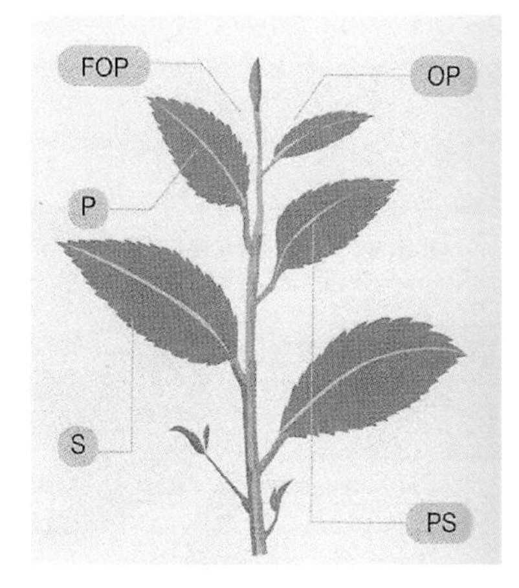

▲ 홍차의 찻잎 부위별 등급

홍차는 암갈색의 광택이 있는 것이 상품이고, 우려낸 차 색깔은 맑은 홍갈색이 좋다. 완전 발효되었기 때문에 독특한 발효향이 있다. 전 세계 차 생산량의 70%를 차지하는 홍차는 주로 중국, 인도, 스리랑카에서 생산되며 중국의 기문(祁門) 홍차, 인도의 다wmf링(Dazzeling), 스리랑카의 우바(Uva)를 세계 3대 홍차로 꼽는다. 또한 인도의 아샘 지역에서 나는 아샘홍차, 인도 남부 고원지대에서 재배되는 닐기리, 스리랑카 실론섬에서 생산되는 실론티 등도 유명하다. 이 가운데 아샘홍차는 세계 최대의 생산량을 자랑하는 인도 북동부의 아샘 평원에서 생산되는 홍차로 주로 블렌딩용 원료로 많이 사용되며, 우유를 첨가하여 마시는 밀크티로 적당하다.

홍차는 채엽 부위나 찻잎의 크기에 따라서도 여러 가지로 분류된다. 일반적으로 제일 어린 싹을 FOP(Flowery Orange Pekoe), 두 번째 어린잎을 OP(Orange Pekoe), 세 번째 잎을 P(Pekoe), 네 번째 잎을 PS(Pekoe Souchon), 다섯 번째 잎을 S(Souchon)로 분류한다. 여기서 페코(Pekoe)라는 말은 어린 싹을 뜻하는 중국말인 빠이하오(백호)의 지방 사투리로 영국인들이 붙인 이름이다.

▲ 홍차(찻잎, 우린 잎, 다탕)

Tip 홍차 우리는 법

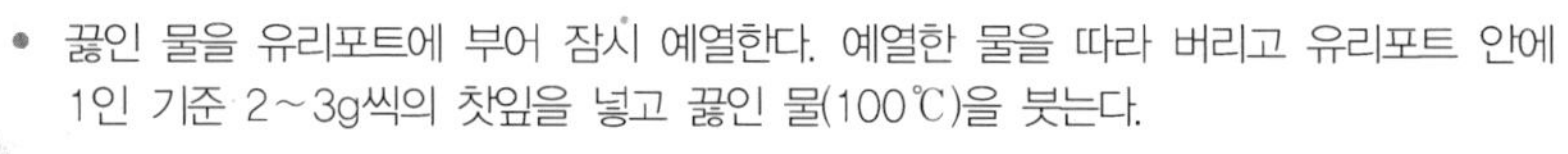

- 끓인 물을 유리포트에 부어 잠시 예열한다. 예열한 물을 따라 버리고 유리포트 안에 1인 기준 2~3g씩의 찻잎을 넣고 끓인 물(100℃)을 붓는다.
- 유리포트의 뚜껑을 닫고 3분 정도 기다린다. 예열한 다관에 거름망인 스트레이너를 얹고 우려낸 찻물을 따른다. 깨끗하게 걸러진 홍차를 찻잔에 고르게 따른다. 기호에 따라 크림이나 설탕, 레몬 등을 첨가해서 마시기도 한다.

6) 후발효차(흑차)

흑차는 중국의 운남성, 사천성, 광서성 등지에서 생산되는 후발효차로 찻잎이 흑갈색을 나타내고 수색은 갈황색이나 갈홍색을 띤다. 녹차의 제조 방법과 같이 효소를 파괴시킨 뒤 찻잎을 퇴적하여 공기 중에 있는 미생물의 번식을 유도해 다시 발효가 일어나게 만든 차이다. 즉 차가 완전히 건조되기 전에 퇴적하여 곰팡이가 번식하도록 함으로써 자연히 후발효가 일어나도록 만든 차이다.

처음에는 곰팡이 냄새로 약간 역겨움을 느끼는 사람도 있지만 점차 독특한 풍미와 부드러운 맛을 느낄 수 있다. 저장기간이 길수록 고급차로 간주된다. 기름기 제거 효과가 강하여 기름진 음식과 잘 어울리며 광동요리를 먹을 때 함께 마시는 차로 유명하다. 보이차가 여기에 속한다.

보이차 제조로 찻잎은 운남 대엽종이 주로 사용된다. 제다과정은 채엽하기→살청하기→유념하기→악퇴[11]하기→1차 뒤집기→2차 뒤집기→3차 뒤집기→재건조하기→채별하기→선별하기→저장숙성하기→제품(산차)하기→증압성형하기→저장숙성하기→제품하기의 순이다. 솥에서 생잎중의 효소를 파괴시킨 뒤 비비기를 하고 바로 퇴적시키는 경우도 있으나 보통 하루 정도 일광건조시킨다. 후발효 공정은 30~40℃의 물을 찻잎에 뿌려 잎의 수분함량이 30% 정도 되게 한 다음 나무상자에 넣고 물에 적신 습포로 덮어 수분의 증발을 막아 발효를 촉진시킨다. 발효 정도는 차의 종류에 따라 약간씩 다르지만

11) 흑차의 주요 공정은 악퇴에 있다. 악퇴는 찻잎에 습기를 가하여 쌓아 둠으로써 곰팡이의 활동을 활성화하여 발효가 이루어지도록 하는 과정이다. 이는 엽록소를 파괴하여 엽색이 암록색에서 황갈색으로 변하도록 하고, 폴리페놀류 화합물이 산화되게 하여 일부 떫은맛과 수렴성을 제거하게 된다.

보통 퇴적 후 1주일 정도 후 내부 찻잎 온도가 60~70℃쯤 되면 1차 뒤집기를 하여 통기를 시켜 온도를 내려 줌과 동시에 호기성균에 의한 발효를 촉진시켜 준다.

▲ 흑차(찻잎, 우린 잎, 다탕)　　▲ 자사호

Tip 흑차 우리는 법

- 흑차(보이차)는 카테킨류가 적기 때문에 뜨거운 물을 부어서 우려야 제 맛이 난다.
- 1인 기준 2~3g 정도의 차를 넣고 100도로 끓인 물을 부어 첫 물을 따라 버린다. 이는 중국 다관인 자사호를 예열하면서 세다(洗茶) 하기 위함이다. 다시 끓인 물을 부어 우려서 마신다.

4. 차의 성분

차의 생잎에서 수분은 대략 75~80%를 차지하며, 나머지는 고형분이다. 고형분의 40%는 수용성 성분이며 나머지는 불용성 물질로 이루어져 있다.

1) 수용성 성분

(1) 카테킨류

카테킨은 녹차의 대표적 성분으로 15% 내외로 함유되어 있어 가용성 성분 중 가장 많이 들어 있다. 카테킨류는 채엽 시기가 늦은 큰 잎일수록 함량이 높아지며, 음용 시 비교적 고온에서 용출률이 높다. 녹차의 카테킨류는 비타민류와 더불어 항산화작용의 주체로 인체를 각종 유해물질로부터 보호하여 건강 유지를 도와주는 역할을 한다. 카테킨류는 지금까지 녹차의 부드러운 맛과 반대되는 것으로 생각되어 왔으나 에스테르형의 카테킨이 적으면 부드러운 맛을 내며, 특히 좋은 맛을 내는 차에는 유리형의 카테킨이 아미노산, 카페인과 함께 많이 함유되어 있다.

(2) 아미노산류

찻잎 중에서 발견된 아미노산은 28종이 있으며, 찻잎 건조물 중량의 1~4%

를 차지한다. 아미노산의 40~50%를 차지하는 데아닌은 체내에서 카페인이 흡수될 때 카페인의 농도에 따라 선택적으로 작용하여 활성을 원만히 조절하며, 카페인에 의한 중추신경의 자극을 약화시키는 작용을 한다. 아미노산은 찻잎 가공 과정에서 독특한 감칠맛과 향기의 형성에 연관되는 성분이다. 음용 시 물의 온도가 높으면 카페인이나 카테킨류가 많이 용출되어 상대적으로 부드러운 맛을 지닌 아미노산의 감칠맛을 즐기기 어렵다. 따라서 아미노산이 많이 함유되어 있는 어린 찻잎일수록 낮은 온도로 이용하는 것이 좋다.

(3) 카페인

녹차에는 쓴맛의 주체인 카페인이 2% 내외로 들어 있는데 어린잎일수록 함량이 높다. 차의 경우는 커피에는 함유되어 있지 않은 카테킨, 데아닌, 비타민 C 등이 들어 있으므로 이들에 의해 카페인의 흡수작용이 서서히 진행되어 순수한 카페인을 과잉 섭취했을 때 일어나는 정신불안이나 불쾌감 등의 부작용이 비교적 적다. 카페인은 높은 온도에서 용출되므로 낮은 온도의 물을 이용하는 것이 좋다.

단, 차는 개인의 체질에 따라 적당하게 마셔야 한다. 카페인이 함유되어 있기 때문에 신경 쇠약 또는 수면 부족의 사람은 과량 섭취하지 않도록 해야 하며, 잠자기 전에는 삼가는 것이 좋다.

(4) 당류

당류는 녹차의 단맛을 구성한다. 찻잎 중의 다당류는 카테킨의 혈당 상승 억제작용을 활성화시켜 당뇨병에 효과가 인정되고 있다.

(5) 사포닌

찻잎에 0.1% 정도 함유되어 있는 사포닌은 쓴맛과 떫은맛을 나타낸다. 항암, 항염증, 거담 작용이 있다.

(6) 유기산류

차의 신선한 싹은 여러 가지 유기산을 포함하여 신맛을 낸다. 유기산류는 카테킨의 항산화작용을 상승시키는 효과가 있으며, 항산화 비타민류의 작용을 보조한다.

(7) 무기성분

무기성분은 차나무가 토양에서 흡수한 광물질 영양 원소이다. 차에는 칼륨과 인이 풍부하게 함유되어 있으며 칼슘, 철 등 여러 가지 무기성분이 5~6% 포함되어 있다. 미량으로 불소, 망간, 구리, 아연, 니켈 등도 들어 있으며, 이 중 60~70%가 물에 용해되어 차의 맛을 상큼하게 한다.

(8) 수용성 비타민

녹차에는 비타민 C, B_1, D, P 등 여러 가지 수용성 비타민이 풍부하게 함유되어 있다. 이 중 괴혈병에 효력이 있는 비타민 C는 낮은 온도에서도 용출이 잘되므로 녹차 음용 시 찻잔의 온도를 낮추어 이용하는 것이 아미노산의 부드러운 맛과 더불어 비타민 C의 효과적 섭취를 도모할 수 있는 방법이 된다.

비타민 B_1은 당류 활동을 원활하게 하여 정신 건강에 중요한 작용을 하며, 비타민 D는 골격의 발육을 돕고 구루병과 골연화증을 예방한다. 비타민 P는 비타민 C와 같이 혈관의 벽을 강화하는 작용을 하여 고혈압에 효과가 인정되고 있다.

2) 불용성 성분

(1) 향기 성분

찻잎의 향기는 품질을 결정하는 중요한 요소 중 하나이다. 실제로 다른 방향물질이 서로 다른 농도로 조합되어 찻잎의 특유한 향형(香型)이 생성된다. 이는 차를 제다하는 과정 중에 서로 다르게 결정된다. 예를 들어 홍차는 효소 촉매 산화가 생성하는 방향 성분이 포함되므로 알데히드, 케톤, 산(酸), 에스테르 등의 산화물이 우세하여 천연향 같은 달콤한 향을 지닌다. 녹차는 열 전환 방향 산물인 질소 화합물과 황화물을 많이 함유하여 전형적인 홍초(烘炒) 향을 갖는다.

(2) 엽록소

찻잎 중의 엽록소는 차나무의 광합성을 수행하는 녹색의 색소로 녹차의 색을 결정하는 데 중요한 역할을 한다. 빈혈치료에 효과가 있고, 조혈작용과 적

혈구를 증진시켜 피를 맑게 한다.

(3) 지용성 비타민

찻잎에는 다른 식물에 비해 지용성 비타민인 A와 E가 많다. 이는 건강하고 활력 있는 생활을 유지시켜 주는 항산화비타민으로 생체 내에서 유해산소가 세포와 결합하기 전 미리 결합하여 유해산소의 활성을 억제하며, 신체를 보호하는 작용을 한다. 비타민 A는 눈의 건강을 지켜 주며, 비타민 E는 세포의 손상을 예방하는 역할을 한다.

5. 차의 효능

1) 암 발생 억제

암의 발생 원인에 대해서는 완전히 밝혀지지 않았지만 발병할 경우 사망률이 매우 높기 때문에 무서운 질병임에 틀림없다. 일반적으로 암 발생의 80~90%는 일상의 생활환경에서 기인하며, 이 중 우리가 섭취하는 음식물에 의해 발생되는 것도 많다. 최근에는 암 발생을 억제하는 식품의 존재를 찾아내는 것이 더욱 중요시되고 있다.

녹차의 항암 효과가 주목을 받기 시작한 것은 1978년 일본 시즈오카의 암 발생률이 전국 평균에 비해 매우 낮다는 사실이 알려지면서였다. 당시의 조사에 따르면 같은 지역 내에서도 위암 사망률이 매우 높은 지역과 현저히 낮은 지역이 있었다. 분석결과 위암 사망률이 낮은 지역에서는 녹차의 섭취량이 많고 일반 야채의 소비량도 많은 반면 위암 사망률이 높은 지역은 녹차를 마시는 양이 적음을 알 수 있었다.

중국에서는 녹차를 함유한 사료를 먹인 쥐에게 발암물질인 아플라톡신 B_1을 14일간 투여하였다. 또한 암세포의 증식을 활발하게 하기 위해 간의 일부를 잘라내고 발암물질인 2-AF를 14일간 투여한 뒤 간장의 병변을 검사하였다. 그 결과 녹차를 먹인 쥐의 병변은 매우 작아서 간암에 대한 녹차의 효과가 보고되었다.

중국의학과학원 암연구센터에서는 상부소화기(식도 및 전위)암에 대한 녹차의 억제효과를 확인하였다. 또한 자연발생 암에 대한 녹차의 효과를 실험하기 위해 유전적으로 자연발생 암이 쉽게 일어나는 쥐를 이용하여 180일 동안 단계별로 카테킨을 투여한 결과 어릴 때부터 카테킨을 투여한 군의 암 발생률이 낮았다. 특히 실험쥐의 양친에게 투여한 뒤 수정기에서 수유기까지 카테킨을 투여한 결과 명확한 억제 효과를 나타내었다. 이러한 실험 결과 사람이 자연발생 암을 예방하기 위해서 하루에 몇 잔의 녹차를 마시는 것이 좋은지에 대한 논의가 계속되었고, 현재는 카테킨의 양을 환산해서 하루에 세 잔 이상의 녹차를 마시면 효과가 있다고 본다.

2) 혈압 상승 억제

각종 스트레스와 더불어 육류 소비의 증가로 고혈압 역시 매년 증가하고 있다. 고혈압 상태가 오랫동안 지속되면 뇌졸중, 심근경색 등을 일으키기 때문에 정상수치의 범위로 혈압으로 내려 주는 것이 필요하다. 고혈압의 원인은 확실히 밝혀지지 않고 있다. 염분이나 지방의 과다 섭취를 줄이고 야채나 단백질을 충분히 섭취하는 것이 바람직하다. 또한 녹차를 많이 마시면 찻잎 중의 카테킨 성분에 의해 혈압이 떨어지게 된다. 카테킨 성분의 혈압 저하 효과는 혈중 물질에서 혈압 상승 작용을 하는 안지오텐신II를 만드는 효소인 안지오텐신 변환효소 ACE의 작용을 저해하기 때문이다. 특히 카테킨 중 EGC의 저해 효과가 가장 강하다. 이처럼 녹차는 혈압을 낮추는 데 탁월한 작용을 하는 것으로 알려져 있다.

3) 당뇨병에 대한 효과

풍부한 식생활의 변화에서 현대인들이 특히 주의해야 할 질병 중의 하나가 당뇨병이다. 당뇨병은 인슐린이라고 하는 호르몬의 분비가 나빠져 체내에서 당 성분이 효과적으로 대사되지 않기 때문에 일어난다. 일반적으로 식사를 통해 들어온 당 성분은 주로 십이지장에서 소화된 후 포도당으로 혈액 중에 흡수된 다음 인슐린의 작용에 의해 여러 조직으로 보내져 각 조직이 움직이게 된다. 이때 인슐린이 부족하게 되면 저장이 불충분하여 포도당이 조직으로 들어가지 못하고 혈액 중에 남게 된다. 이 때문에 혈중의 당 농도가 높아지게 되고 결국은 소변으로 체외 배출된다. 이러한 상태가 오래 지속되면 동맥경화나 망막 출혈 등의 병이 발생하게 된다.

당뇨병에 걸리면 혈당치가 급격히 상승되지 않도록 적당한 식사를 하는 것이 가장 중요하다. 식사 조절을 통해 혈당치를 조절해야 하는데, 이때 녹차가 큰 역할을 담당할 수가 있다. 찻잎 중에 함유된 카테킨 성분은 당질의 소화 흡수를 지연시키는 작용을 한다. 소화가 지연되면 포도당이 혈액 중으로 흡수되는 것이 늦어져 급격한 혈당치의 상승이 억제되는 것이다. 당뇨병은 일시적인 치료에 의해 완전히 치유되는 질병이 아니라 체질적인 요인이 있기 때문에 인슐린이나 혈당 강하제에 의존하기보다는 여러 가지 식이 요법과 운동 요법을 병행하면서 녹차를 꾸준히 마시는 것이 필요하다.

4) 식중독 예방

일본의 횟집이나 초밥집에 가면 식사 중에 항상 진한 녹차를 제공한다. 이것은 식중독을 예방할 수 있는 경험적인 대응 방법이다. 식중독은 세균이 분비한 독소에 의해 발생하는데 그 증상으로는 설사, 구토, 발열, 복통이 일어나고 심할 경우 사망에 이르기도 한다.

녹차에는 매우 강한 살균 효과가 있다. 대표적인 식중독 세균인 포도상구균, 비브리오균, 황색 포도상 구균, 웰치균, 프레시오모나스균, 아에로모나스균 등에 대해서는 보통 녹차를 마시는 농도의 1/10에서 1/2 정도의 농도로도 이들을 살균할 수 있다. 이러한 살균 작용을 하는 성분 역시 차의 떫은맛을 내는 카테킨이다. 보통 차 한 잔 중에는 1,000ppm 정도의 카테킨이 함유되어 있는데, 차 한 잔으로도 식중독 세균의 발육을 저지할 수가 있다. 따라서 식중독이 자주 발생하는 여름철이나 날것을 먹는 횟집에서는 녹차를 진하게 우려 마시는 것이 좋고, 가정에서도 마시고 난 차 찌꺼기를 우려서 보리차 대용으로 마시면 식중독을 효과적으로 예방할 수가 있다.

5) 감기 예방

찻잎에는 비타민 C가 다량 함유되어 있어 피로 회복에 효과가 있다. 찻잎에 들어 있는 카페인은 두통의 경감과 혈액 순환의 개선 그리고 이뇨 작용을 도와 감기를 예방하거나 퇴치하는 작용을 한다. 또한 카테킨은 인플루엔자 바이러스의 작용을 약화시키는 데 효과적인 성분으로 감기 예방에 중요한 역할을 한다.

차는 항히스타민 작용에 의해 천식이나 기침 해소에도 효과가 있는 것으로 알려져 있다. 히스타민은 천식을 일으키는 성분의 하나로 기관지에 영향을 주는데 녹차를 마시면 기관지의 수축 작용이 억제되어 해소와 천식이 가라앉는다. 따라서 녹차를 꾸준히 마시는 것은 감기를 예방하는 가장 좋은 방법이다.

6) 콜레스테롤 저하

중성 지질이나 콜레스테롤 등 혈중 지질량이 정상보다 너무 높을 경우 동맥경화, 대동맥류, 심근경색, 뇌경색, 협심증과 같은 허혈성 질환을 일으키는 원인이 된다. 이러한 질환을 방지하기 위해서는 콜레스테롤이 많이 함유된 음식의 섭취를 줄이고 운동 부족이 되지 않도록 해야 한다. 또한 이를 방지하기 위한 간편한 방법은 녹차를 마시는 일이다.

녹차의 주성분인 카테킨은 콜레스테롤 수치를 낮추는 작용을 한다. 녹차는 혈관벽에서 콜레스테롤을 취하여 간에 회수함으로써 인체에 좋은 작용을 하는 HDL－콜레스테롤을 상승시키는 데 비해 몸에 해로운 작용을 하는 LDL－콜레스테롤은 감소시키는 선택적 감소작용을 나타내는 특징이 있다. 1994년 사이다마 암연구센터가 8년 동안 40세 이상의 주민 1,330명으로부터 혈액을 채취하여 녹차 섭취량에 따른 혈중 콜레스테롤과 중성 지질 함량을 조사한 결과에서도 녹차를 많이 마실수록 콜레스테롤 수치가 낮아지는 것으로 나타났다.

7) 다이어트 효과

비만은 외형상으로 좋지 않고 건강에도 적신호가 될 수가 있다. 무엇보다도 운동이 제일이겠지만 현대인들은 바쁜 일정으로 운동할 시간이 부족할 수도 있다. 일부 사람들은 조깅, 에어로빅, 요가 등의 운동에 열심을 내지만 체중의 감소가 쉽지만은 않다. 그 이유는 지방이 연소될 때까지 다다르지 못하기 때문이다. 에너지원은 지방 이외에도 글리코겐이라는 성분이 있어 운동을 시작해서 30분 정도까지는 글리코겐이 우선적으로 사용되고 그 후 지방의 연소가 시작된다. 따라서 지방을 연소시키기 위해서는 장시간의 운동이 필요하다. 그러나 장시간 동안 운동을 하는 것은 체력적으로나 시간적으로 무리일 수 있다. 이러한 경우 가장 간단하면서도 효과적인 방법은 차를 마시는 것이다. 운동을 하기 전에 차를 마시면 에너지원으로서 지방이 우선적으로 연소되기 때문에 다이어트에 도움이 된다. 또한 식후에도 차를 마시면 다이어트에 좋은 효과를 볼 수 있다.

차 성분 중의 카테킨이 지방 분해 효소의 작용을 강화시켜 주기 때문에 기름진 음식을 먹는 경우에 차를 마시면 매우 효과적이다. 뿐만 아니라 녹차는 커피나 홍차같이 크림이나 설탕을 넣지 않고 그대로 마시기 때문에 가장 이상적인 다이어트 음료라고 할 수 있다.

8) 노화 억제

노화는 인간에게 피할 수 없는 자연 현상이지만 가능한 한 과산화지질이 만들어지지 않게 하거나 활성 산소의 형성을 억제해야 한다. 산소는 우리가 살아가는 데 필수적이지만 때로는 몸에 해로운 활성 산소를 만들어 낸다. 이 활성 산소는 지방질과 결합하여 과산화지질이라고 하는 해로운 물질을 만들게 된다. 노화는 여러 가지 요인 가운데 주로 지질의 과산화에 의해 일어나게 된다. 과산화지질은 혈관에 작용해 동맥경화나 혈전증을 비롯해 각종 성인병을 유발시킨다.

찻잎 중에는 카테킨이 많이 함유되어 있어 강한 항산화 효과를 나타낸다. 카테킨은 비타민 E, 비타민 C 등과 더불어 강한 항산화 작용을 한다. 항산화비타민과 카테킨의 복합적인 작용으로 뛰어난 노화 억제 효과를 발휘하게 되는 것이다.

차는 장수의 묘약으로 지칭되어 왔는데, 역학조사에서도 하루 10잔 이상 마실 경우 하루 3잔 이하로 마시는 사람에 비해 평균 6살 이상 젊게 장수하는 것으로 보고되고 있다.

9) 알코올과 담배 해독

녹차 중에 들어 있는 카페인, 비타민 C, 아스파라긴산, 알라닌이라는 아미노산은 술이 빨리 깨도록 하는 데 도움을 줄 수 있다. 이들 성분이 알코올 분해효소의 작용을 증가시켜 주므로 알코올의 분해가 빨라지고, 카페인의 이뇨 작용으로 알코올이 빨리 배설되기 때문이다. 과음한 뒤 오는 숙취는 체내의 알코올이 완전히 분해되지 않아서 머리가 아프거나 불쾌한 기분이 남는 현상이다. 보통 소량의 알코올은 간장에서 분해되어 숙취가 없지만 간장이 소화해 낼 수 있는 이상의 알코올은 완전히 분해되지 않아 유해 물질인 아세트알데하이드의 양이 증가된다. 혈액 중 포도당이나 비타민 C가 충분히 있으면 아세트알데하이드의 분해 능력이 높아지게 된다. 찻잎에 함유되어 있는 카페인과 비타민 C가 포도당을 증가시키는 상승작용을 하므로 녹차를 마심으로써 어느 정도

숙취도 예방할 수 있다.

술과 같이 사람들이 흔히 즐기는 기호품의 하나가 담배이다. 담배에는 발암 물질을 포함해 인체에 해로운 성분이 많아 동맥경화, 심근경색, 협심증, 뇌경색, 폐기종, 만성 기관지염, 천식, 위궤양, 시력 장애 등을 일으킬 수 있다. 일본인들의 담배 소비량이 미국인에 비해 월등히 많음에도 불구하고 폐암에 의한 사망률은 미국인이 높은 것으로 나타나는데, 학자들은 이러한 결과가 녹차 소비량과 관계가 있다고 주장하고 있다. 미국건강재단에서는 담배의 니코틴 성분에서 나오는 대표적 발암 물질인 NNK에 의해 유도된 쥐의 폐암 발생률이 녹차 추출액과 카테킨의 투여로 30~45%의 감소율을 나타냈다고 보고하였다. 한국화학연구소의 연구 결과에서도 녹차를 마실 경우 담배에 의한 돌연 변이가 현저히 감소된다는 사실을 발견하였다. 즉 담배의 발암 물질이 녹차 성분에 의해 억제된다는 사실이 확인된 것이다. 따라서 자동차의 배기가스나 대기 오염, 주위 사람들의 흡연 등으로 공해와 발암 물질에 항상 노출되어 있는 현대인들에게 녹차는 건강을 도와주는 식품으로 기여할 수 있다.

10) 중금속 제거

공기나 상수원으로부터의 직접적인 오염 물질 외에 중금속에 오염된 어패류, 곡류, 채소류의 섭취로도 유해 물질이 체내에 유입될 가능성은 높아지고 있다. 체내에 들어온 중금속은 배출되지 않고 뼈나 간, 장기 등에 축적되어 조혈 기능을 방해하고 중추신경을 마비시킨다. 임산부에게는 기형아나 미숙아를

낳게 되는 등 치명적인 해를 주기도 한다.

녹차의 중금속 제거 효과는 일본의 기무라 교수의 실험에 의해 밝혀졌다. 녹차 0.5g을 9가지 중금속과 30분간 혼합한 뒤 흡착률을 측정한 결과 구리 61%, 카드뮴 77%, 납 80%의 흡착률을 나타냈고 수은에 대해서도 94%의 높은 흡착률을 나타낸 것으로 보고되었다. 국내에서도 한양대학교 환경과학대학원에서 녹차를 사용하여 흡착 실험을 한 결과 납, 구리, 카드뮴에 대해 각각 84%, 79%, 65%의 흡착률을 보였고 초기 10분 내에 90% 이상의 흡착을 나타냈다. 이와 같이 찻잎 중의 카테킨 성분이 중금속과 흡착작용을 형성하면 중금속이 체내에 흡수되지 않고 체외 배설되어 효과적으로 중금속을 제거할 수 있다. 따라서 수돗물을 끓여 마실 때 찻잎을 넣어 우려 마시면 물에 중금속이 함유되어 있다고 하더라도 보다 안심하고 마실 수 있다.

11) 충치 예방

녹차는 충치 예방, 입 냄새 제거, 치아와 잇몸의 건강 등에 효과가 있는 것으로 밝혀져 여러 가지 구강위생용품 제조에 사용되고 있다.

충치는 충치 세균이 생산하는 산의 작용으로 치아 표면이 붕괴되는 병리학적인 과정을 말한다. 충치 세균이 분비하는 효소의 작용으로 치아 표면에 남아 있는 음식물 찌꺼기는 불용성인 글루칸으로 합성된다. 이 글루칸이 충치 세균과 함께 치아 표면에 부착되어 치석을 형성하고, 세균 번식에 따른 유기산이 생성됨에 따라 충치가 발생하게 된다.

녹차에 함유된 불소는 치아 표면을 코팅하여 산으로부터 치아를 보호하고, 충치의 원인이 되는 충치 세균의 발육을 억제한다. 또한 치석 형성의 원인이 되는 효소의 활성을 억제시키는 작용으로 충치를 예방한다. 일본과 중국에서 초등학생들을 대상으로 식후에 한 컵의 녹차를 마신 학생과 마시지 않은 학생의 충치 발생률을 조사한 결과 식후에 한 컵의 차를 마신 학생은 마시지 않은 학생에 비해 52.7～56.6%의 충치 발생 감소를 나타내었다고 한다.

최근에는 녹차 성분을 첨가한 치약도 늘어나고 있다. 평소 식사 후에 한 잔의 차를 마시면 충치 발생을 없앨 수 있을 뿐만 아니라 입안이 개운해지고, 음식 냄새도 제거되기 때문에 치아 건강에 매우 좋다.

고전에 나타난 차의 효능

중국의 육우(陸羽: 733～804년)는 『다경(茶經)』에서 "차는 성품이 지극히 차서 행실이 바르고 검박하며 덕망이 있는 사람이 마시기에 적합하다. 열이 있고 갈증이 날 때, 속이 답답하고 머리가 아프거나 눈이 침침하고 팔다리가 불편할 때, 뼈마디가 불편할 때 네다섯 잔만 마시면 제호나 감로에 비길 만한 효능이 있다."고 하였다.

조선시대 한재(寒齋) 이목(李穆: 1471～1498년)은 『다부(茶賦)』에서 다음과 같이 차의 5공(五功)과 6덕(六德)에 대해 말하였다.

五功

첫째, 사람으로 하여금 갈증을 없애 준다.

둘째, 사람으로 하여금 울분을 풀어 준다.

셋째, 사람으로 하여금 화합하게 한다.

넷째, 사람으로 하여금 기생충을 없애 준다.

다섯째, 사람으로 하여금 술을 깨게 한다.

六德

첫째, 사람으로 하여금 오래 살게 한다.

둘째, 사람으로 하여금 병을 낫게 한다.

셋째, 사람으로 하여금 기운이 나게 한다.

넷째, 사람으로 하여금 마음을 편안하게 한다.

다섯째, 사람으로 하여금 신선과 같게 한다.

여섯째, 사람으로 하여금 예의롭게 한다.

명나라의 이시진(李時辰: 1518~1593년)이 쓴 『본초강목(本草綱目)』에는 "차는 맛이 쓰고 달며, 성질은 차서 열을 잘 내린다. 술과 음식에 있는 독을 해독시켜 주고 사람의 정신을 맑게 하며 잠을 쫓아 주고, 머리의 통증을 치료해 주고 눈을 맑게 하며 내장, 종기, 당뇨, 기침, 설사 등의 질환을 다스린다."고 하였다.

명나라의 고원경(顧元經)이 1541년에 저술한 『다보(茶普)』에는 "차를 마시면 갈증을 해소하고 소화를 돕고 가래를 없애며 수면과 요도에 이롭고 눈을 밝게 하고 번뇌를 없애고 느끼함을 없애 주므로 하루라도 차가 없으면 안 된다."는 기록이 있다.

조선시대의 허준(許浚: 1546~1615년)이 쓴 『동의보감(東醫寶鑑)』에는 "차나무의 성품은 조금 차고 맛은 달고 쓰며 독이 없다. 기운을 내리게 하고 체한 것을 소화시켜 주며, 잠을 적게 하고 머리를 맑게 해 주며, 소변을 잘 나오게 하고 화상을 해독시켜 준다."고 하였다.

초의(草衣: 1786~1866년)의 『동다송(東茶頌)』에는 "옥천 진공이 나이 여든이라도 얼굴빛이 복사꽃 같았다. 이곳 차의 향기는 다른 곳보다 맑고 신선하여 젊어지게 하고, 고목이 되살아난 듯 사람으로 하여금 장수하게 한다."고 하였다.

6. 차의 선택과 관리

실생활에서는 햇차가 묵은 차보다 좋다. 차를 선택할 때는 오래되지 않은 차를 선택하는 것이 바람직하다. 구입 시 유통기간을 확인하고 그해에 생산된 차를 구입하는 것이 좋다. 하지만 묵은 차가 햇차보다 못하지 않고 심지어 햇차보다 좋은 경우도 있다. 이렇게 되면 햇차와 묵은 차를 어떻게 감별해야 하는지의 문제가 대두된다. 차를 마시려면 햇차를 마시고, 술을 마시려면 오래 묵은 술을 마셔야 한다는 말이 차 마시는 생활에 대한 총화이다. 그러나 저장

조건이 양호하면 이런 차별은 상대적으로 줄어들게 된다. 어떤 찻잎이 저장 후에도 품질이 낮아지지 않는가에 대해서는 별도로 논의해야 한다. 여기서는 녹차를 중심으로 선택과 관리방법에 대해 알아보기로 한다.

1) 차의 선택

(1) 형상

찻잎의 형상은 외형적으로 상품으로서의 가치와 직결되기 때문에 매우 중요하다. 일반적으로 찻잎의 크기가 균일하고 부스러기가 적은 것, 잘 말아진 잎으로 된 것, 줄기가 많이 포함되지 않은 것이 좋다.

(2) 빛깔과 광택

찻잎은 저장 과정에서 공기 중의 산소와 빛의 작용을 받음으로써 찻잎의 빛깔과 광택을 구성하는 일부 색소 물질에 자동 분해가 발생한다. 녹차의 엽록소가 분해된 결과로 빛깔과 광택이 햇차의 연한 녹색에서 점차 황녹색으로 변한다.

(3) 수색

차의 수색(水色)은 카테킨이나 엽록소의 함량에 의해 결정된다. 플라본에 의한 황색이 낮고 녹색이 짙으면 수색이 좋아진다. 녹차에 많은 비타민의 산화가 생성되면 탕색이 황갈색으로 변한다.

(4) 향기

묵은 차는 향기 물질의 산화로 찻잎이 맑은 향에서 탁하게 변한다. 녹차의 경우 신선하고 상큼하며, 열처리에 의한 구수한 향이 나타나는 것이 좋다.

(5) 맛

차를 마셨을 때 오미(五味)가 조화되어 청량감이 있는 것이 좋다. 자극적인 맛은 적어야 한다. 묵은 차는 찻잎의 산화로 휘발되기 쉬운 알데히드류의 물질이 생성되고 물에 용해될 수 있는 유효 성분이 줄어들어 맛이 순정하고 진하던 것에서 옅고 담담하게 변하게 된다.

2) 차의 관리

차는 개봉한 후에는 빨리 소비하는 것이 좋다. 또한 아무리 좋은 차라도 개봉한 후에는 관리를 잘해야 한다.

(1) 차의 변질 요소

차의 변질을 방지하기 위해서는 차의 변질에 관여하는 요소들을 잘 조절해서 관리해야 한다.

① 온도

차는 고온에서 쉽게 갈변 현상이 일어나므로 저장온도는 0～5℃로 차 전용 냉장고에 보관하는 것이 좋다.

② 습도

습도는 카테킨의 산화와 비타민C의 파괴를 쉽게 하므로 흡습되지 않도록 알루미늄 접착 필름을 사용하여 보관하거나 찻잎 중의 수분을 3% 이하로 하고, 저장 시 습도는 55～65%를 유지하도록 한다.

③ 산소

산소에 의한 산화 작용을 막기 위해서는 진공 포장 또는 질소 가스를 충전시키는 방법이 바람직하다.

④ 광선

광선에 의한 엽록소 파괴와 지질의 산화를 막기 위해서는 광선이 직접 닿지 않는 포장 재질을 사용해야 한다.

⑤ 이취

차는 냄새를 흡수하는 작용이 매우 강하여 용기나 냉장고의 이취(異臭)가 쉽게 찻잎에 배어들 수 있으므로 사용하는 포장재나 보관 장소로 인한 냄새가 없도록 해야 한다.

(2) 차의 저장 방법

차를 저장하는 방법으로는 실온 저장, 냉장 저장, 질소가스 투입 저장, 탈산소제 삽입 저장, 진공포장 저장 등이 있다.

① 실온 저장

실온에서 방습성이 충분하지 못할 때는 1~2개월 정도의 저장으로도 차가 많이 변질된다. 더운 여름철에 30℃ 이상이 되면 찻잎의 갈변을 막기 어렵다. 실온에 보관하려면 습기나 열기를 막을 수 있는 은박지나 특수 포장용지를 이용하여 밀봉하고, 시원하고 건조한 냉암소에 보관하도록 한다.

② 냉장 저장

보통 냉장 저장은 차 전용냉장고에 상대 습도 55~65%, 온도 0~5℃로 보관한다. 차의 변질은 내용 성분의 산화에 의해 일어나는데 차를 저온에 저장하면 산화 속도가 늦추어지기 때문에 온도가 낮을수록 변질 방지 효과가 크다. 냉장고는 반드시 차를 넣는 전용냉장고이어야 한다. 일반식품과 같이 사용하는 냉장고를 사용하면 찻잎에 이취가 배기 때문이다.

③ 질소가스 투입 저장

위생적인 면이나 경제적인 면에서 많은 식품의 보관에 질소가스가 이용되고 있다. 이는 공기 중의 산소를 피하기 위하여 진공을 해서 공기를 제거하고 질소를 넣어 주는 방법이다.

④ 탈산소제 삽입 저장

탈산소제는 특수 약품으로 식품에 해가 없고 산소만 흡수하므로 다른 식품들에서도 활용되고 있다. 설비가 필요하지 않고 간편하게 사용할 수 있는 장점이 있지만 품질 유지에 있어서는 질소가스 투입보다는 효과가 떨어진다. 저장기간이 길 때는 적합하지 못하다.

⑤ 진공포장 저장

최근에는 용기에 자동 충진과 진공 또는 질소 충진하는 포장기가 개발되어 차의 품질을 유지하는 데 널리 활용되고 있다.

남국(南國)의 봄바람 부드럽게 부니
차 숲의 잎새엔 뾰족한 싹 어금었네.
가려낸 어린 싹 신령스러움과 통하고
그 맛과 품수는 육우 『다경』에 실렸다네.

—김시습의 〈작설(雀舌)〉 중에서—

제2장 각국의 茶문화

1. 한국의 차문화

1) 고대국가

(1) 가야

『삼국유사』<가락국기>를 보면 김수로왕 즉위 7년(48년) 가야의 해안에 상륙한 아유타국의 공주 허황옥을 왕이 황후로 맞이하였다고 한다. 이때 그녀는 비단, 금, 은, 주옥과 패물, 노리개 등을 가져왔으며, 이들과 함께 차 종자도 가져왔다고 전해진다. 그때 심은 곳이 지금의 김해지역이다.

또한 『삼국유사』<가락국기>에는 김수로왕의 태자인 거등왕 즉위년(199년)에 세시풍속을 제정하여 떡, 밥, 과일, 술 등을 갖추고 차로 제사를 지냈다는 기록이 있다. 문무왕 즉위년(661년) 3월에는 17대 손인 갱세급간이 조정의 뜻을 받아 해마다 세시 때가 되면 술을 빚고 떡, 밥, 차, 과일 등 여러 가지

음식으로 제사를 지냈다고 한다. 갱세급간은 옛 가야국의 왕족이었으므로 제사에 차를 올렸음은 가야의 오래된 풍속일 것으로 추측된다.

(2) 고구려

고구려의 옛 무덤에서는 엽전처럼 가운데 구멍이 뚫린 전차(錢茶)가 발견되었다. 이는 묘의 주인이 생전에 차를 좋아했거나 토신(土神)에게 차를 바친 것으로 볼 수 있다. 또한 고구려의 초기 수도인 집안현에서는 굴뚝이 달린 이동식 화덕이 발견되었는데 이는 들에서 차를 끓였거나 음식을 만들었을 것으로 추정되는 것이다.

『삼국사기』<고구려본기>에는 대무신왕 9년(26년)에 왕이 친히 개마국(蓋馬國)을 정벌하고 그 땅을 군현으로 삼았으며, 구다국(句茶國)의 왕은 개마국이 멸망한 것을 듣고 자신에게 해가 미칠 것이 두려워 항복을 했다는 기록이 있다. 고구려시대의 비석에는 차싹 '명(茗)'이라는 글자가 새겨진 것도 발견된다. 이처럼 지명이나 비석의 글에 차와 관련된 글자가 들어간 것을 보면 생활 속에 차 풍속이 존재했음을 짐작할 수 있다.

고구려 17대 소수림왕 2년(327년)에는 전진(前秦)의 왕 부견이 사신과 승려 순도를 보내 불상과 경전을 전하였다고 한다. 차는 불교의 헌다(獻茶)와 밀접한 관련이 있으므로 중국과의 교류를 통해 불교와 함께 차가 전래되었을 것으로 추정되고 있다.

(3) 백제

고대국가 중에서도 백제는 기후나 지리 여건 등으로 인하여 차가 일찍부터 재배되었을 것이며, 중국과의 교역과 문화 발달의 일면을 볼 때 일찍이 음다 풍습이 있었을 것으로 추측되지만 신라와의 전쟁으로 사료가 보존되지 않아 일부만을 추정할 뿐이다.

침류왕 1년(384년)에 마라난타가 불회사를 건립하면서 주변에 차밭을 조성하였다고 전하는데 지명도 다도면에 속하는 불회사 주변에는 현재에도 오래된 야생 차나무 군락이 서식하고 있다. 일본『동대사요록』에는 백제의 귀화승 행기(668~749년)가 말세 중생을 제도하기 위해 차나무를 심었다는 기록이 있다. 이는 백제의 승려들이 일본에 귀화하기 전인 7세기 이전에 이미 차를 일상에서 마셨을 것으로 추정하게 한다.

(4) 신라

신라는 532년 법흥왕 때 김해를 중심으로 수로를 시조(始祖)로 받드는 본가야를 합병하고 562년 진흥왕 때에는 고령 중심의 대가야를 정복하였는데 모두 차가 많이 나는 지역이었다. 신라가 본격적으로 차문화를 인식한 것은 중국문화의 수용과 더불어 6세기쯤이었을 것으로 짐작된다. 승려들의 당나라 왕래로 당시 성행하였던 음다 풍습이 신라에 전래된 것으로 보인다.

단, 진흥왕(540~576년 재위) 때부터 있었던 화랑에 관한 기록을 보면 우리 민족의 차문화가 중국 불교와 더불어 전적으로 수입된 것이 아니라 이미 그 이전에 민족 고유의 전래 음다 풍속이 있었다는 점을 유추할 수 있다. 화랑들은 차생활을 통해 심신을 단련하였으며, 한송정이나 경포대 같은 정자나 누대에서 차 마시기를 즐겨 했다. 한송정은 신라시대 선랑(仙郎)들이 차를 달여 마시며 놀았던 곳이다. 화랑들은 차를 통해 올바른 정신과 건강을 지켜 나라에 큰 힘이 되었다고 한다.

신라시대 차문화에 관한 기록을 살펴보면 『삼국사기』<신라본기>에 차는 이미 선덕왕(632~647년 재위) 때부터 있었으나 이때에 이르러 성행했다고 전해진다. 신문왕(681~692년 재위)의 청으로 『화왕계』를 지어 올린 설총은 임금이 지켜야 할 계율로 차와 술을 통해 정신을 깨끗이 해야 한다고 하였는데, 이는 차를 일상적으로 음용하고 있었다는 것을 입증하는 내용이다.

『삼국유사』를 보면 경덕왕 24년(765년) 3월 3일에 남산 미륵세존에게 차 공양을 하고 돌아가는 충담 스님이 왕의 요청으로 차를 달여 바치고 안민가(安民歌)도 지어 바쳤다고 기록되어 있다. 충담이 메고 있던 벚나무 앵통에는 다구가 담겨 있었다고 하는데 이로 보아 당시 승려들이 차를 마시기 위해 다구를 지니고 다녔음을 알 수 있다.

차 재배는 『삼국사기』를 보면 신라 42대 흥덕왕 3년(828년)에 당나라에 사신으로 갔던 대렴이 차 씨를 가져와 왕명으로 지리산에 심게 한 이후부터라고 한다. 이처럼 중국에 다녀온 대렴이 차 종자를 가져와 지리산에 심은 뒤 이 지역의 쌍계사와 화엄사를 중심으로 차나무가 자라게 되었다고 전해진다.

2) 고려시대

신라의 음다 풍습이 고려로 이어지면서 불교의 발달과 함께 차문화는 더욱 발전하게 되었다. 고려의 왕실은 상단을 이끌고 외국과 무역을 주로 하였기 때문에 차문화에 관한 것은 많은 체험을 갖고 있었다. 차는 귀중한 예물이었으며, 왕이 신하에게 주는 하사품으로도 쓰였다. 차는 왕실은 물론 관리, 귀족, 승려, 문인, 서민에 이르기까지 널리 보급되었다. 차의 품질도 좋았고 종류와 생산량도 상당하였기에 외교적인 공물로도 사용되었다. 차의 이름으로는 뇌원차, 대차, 향차, 유차, 선차 등이 기록에 남아 있다.

궁중에서의 중요한 행사였던 연등회와 팔관회 때 진다 의식이 행해졌다. 이 의식이 까다롭고 매우 엄했음을 『고려사』에 기록하고 있다. 중국 왕의 조칙을 가져온 사신에게는 진다의례(進茶儀禮)를 갖추어 맞이했고 조칙을 갖고 오지 않은 사신에게는 차를 베풀고 인사를 나눈 후 객관으로 맞이하였다. 왕자나 공주의 탄생 축하의례 시에도 진다가 있었다. 군신들이 모여 연회를 할 때 다연(茶宴)을 베풀었으며, 신하가 세상을 떠났을 때 부의로 많은 양의 뇌원차와 대차를 하사하였다. 차의 소비가 늘어나게 되자 궁중에서는 차를 공급하는 관청인 다방(茶房)이 생겨났다. 다방에 소속되어 궁중 밖에서 왕족에게 올릴 차를 준비하는 일을 위해 다구를 나르는 다군사도 있었다.

고려의 차인들은 손수 차를 끓여 마시며 차생활의 멋과 풍류를 즐겼다. 많은 문인들이 차를 즐기며 다시(茶詩)를 남겼으며, 승려들도 다선일치(茶禪一致)의 생활을 영위하였다. 사원의 주위에는 차를 생산하여 사원에 바치는 다촌(茶村)이 생겨났으며, 서민들의 차 가게인 다점(茶店)과 여행자를 위한 다원

(茶院)도 설치되었다. 중국과의 무역에 있어서도 차와 다기(茶器)가 필요하게 되었다. 이러한 일들은 고려에서 차가 생활 속에 깊숙이 들어와 있었음을 반영한다.

서긍(1091~1153년)의 『고려도경』에도 차에 관한 기록이 남아 있다. 생활 속에서 많은 소비가 이루어지면서 차를 생산하는 일반 백성들에게 가혹한 시련이 뒤따라야 했다. 차가 생산될 때가 되면 차를 공출하여 상납해야 해서 백성들은 세금내기에 급급했다. 도탄에 빠진 백성들의 원성은 높았고 곳곳에서 차나무를 베거나 불태워 없애는 곳도 생겨나게 되었다.

서민들의 차생활에 관한 사료는 부족하지만 태조 때부터 서민들 가운데 연로한 자나 군사들의 가족에게 차를 내린 것으로 보아 서민들도 차를 마셨음을 알 수 있다. 또한 다점에서 돈이나 베를 주고 기호음료로서 차를 사서 마셨으며, 차가 생산되는 지역의 서민들은 자연스럽게 차를 마셨을 것으로 보인다.

3) 조선시대

조선 초에는 고려시대의 차문화를 이어받아 음다 풍습이 지속되어 사신을 맞이하는 접빈 다례나 왕실의 대소행사에 차 의례를 행하였다. 특히 중국 사신맞이 다례의식은 극진하였고 사신들에게 하사한 작설차의 수량은 적지 않았다. 그러나 억불숭유 정책으로 사원의 재정사정이 어려워지자 사찰 주변의 차밭을 관리하는 것이 힘들어져 차의 생산량이 급감하게 되었고 차 인구도 줄어들게 되어 고려시대 불교와 더불어 번성했던 차문화는 퇴조하기 시작하였다.

이 같은 시대 상황에서 차를 단순한 음료의 차원에서 벗어나 정신적 매개체로 여긴 한재 이목(1471~1498년)은 차의 성품을 논함에 있어 차와 마음은 분리될 수 없다고 하는 다심일여(茶心一如)의 사상을 강조하였고 궁극적으로 오심지차(吾心之茶)라는 차 정신을 도출하였다. 한재의 차 정신은 천명(天命)에 순응하여 자연의 본성에 교감하고 이를 심신(心身)의 수양에 실천함으로써 茶생활을 통해 자신의 내면을 성찰하고 마음을 고요히 다스리는 방법으로 삼았다.

임진왜란 이후에는 국가의 피폐한 상황으로 끼니를 잇지 못할 정도의 백성들이 많았으므로 차를 끓여 마시는 것은 생각할 수 없을 만큼 차문화가 급격하게 쇠퇴하였다. 그러나 선비들에 의한 차의 풍류와 사원을 중심으로 한 차생활은 계속되어 소박한 차문화를 형성하게 되었다.

19세기에는 다산 정약용(1762~1836년), 추사 김정희(1786~1856년), 초의 장의순(1786~1866년) 등을 중심으로 차문화의 중흥기가 있었다. 승려와 문인들의 교류도 활발하게 이루어졌고 승려들이 손수 만든 차를 문인들에게 선물하는 일이 흔하였다. 이때 제다 기술도 발전하여 초의가 쓴 『동다송』 주석을 보면 우리나라 차는 효능이 좋고 색, 향, 미가 뛰어나 중국의 육우도 인정할 것이라고 하는 자부심을 가졌었다. 문인들은 차회를 열어 다시(茶詩)를 써서 남겼으며 글, 그림, 민요 등 차에 관한 많은 자료가 전해지고 있다. 이를 볼 때 조선 후기에는 고려 때보다 음다 풍속이 쇠퇴하였으나 차에 대한 애정을 지닌 문인들에 의해 그 명맥이 유지되었다고 볼 수 있다. 또한 조선 말기까지 차를 팔러 다니는 차 장사나 찻집이 있었던 것으로 보아 민간에서도 차문화의 뿌리는 이어져 내려왔다고 하겠다.

4) 근세

일제강점기에는 일본인들에 의한 차의 생산과 연구가 이루어졌다. 우리 차밭을 인수하여 보성과 광주 등지에 일본식 다원을 조성하면서 차의 맛도 달라졌다. 차를 마시면 일본의 풍속을 따르는 것으로 인식되어 우리 고유의 차문화는 쇠퇴하였다. 또한 서구 문명의 유입과 함께 커피, 홍차 등 서양의 기호음료가 들어와 차의 대명사로 인식이 되면서 우리 차문화의 부재가 지속되었다.

5) 현대

해방 후 어지러웠던 정치, 경제로 모두가 어려웠던 시절 호남의 의재 허백련(1891~1977년), 영남의 효당 최범술(1904~1979년) 선생이 차생활의 중요성을 전하는 데 앞장을 섰다. 이들은 혼탁한 사회에서 잃어버린 예절과 어두워진 정신을 개선하기 위해 노력하였다. 1960년대 이후 우리 문화에 대한 관심이 일어나는 것과 함께하여 차문화의 중요성이 인식되기 시작하였으며, 1970년대에는 대기업에서 차 산업에 진입한 후 차의 생산과 소비가 늘어나게 되었다.

1990년대 이후 차문화 운동은 상승하고 있다. 차가 기호음료에서 건강음료로 인식되어 차의 소비량 또한 증가하고 있다. 웰빙(well－being) 하면 물질적 가치보다 더 나은 삶 속에서 마음의 평안과 정서적인 안정까지도 내포되는 것이기에 풍부한 물질이 난무하고 도덕이 결여되고 있는 오늘날 정신적으로 평안과 안정을 유지하기 위한 좋은 매개체로 차가 소비되고 있다. 학계에서는 우리의 차문화를 연구하는 이들이 늘어나고 있으며, 일반인들 사이에서도 차에 대한 관심과 애착심이 깊어지고 있다.

정영선(1949년~)은 한국의 차문화에 담긴 사상을 '정(正)'과 '중(中)'으로 설명하였다. 여기서 정(正)은 올바름이고, 중(中)은 알맞음이다. 이 두 가지는 현대의 차생활에 있어서도 철학적 기초가 될 수 있다. 정갈한 차와 좋은 물을 가지고 적합한 분량과 열기로 섬세하게 다루는 솜씨는 차생활의 올바름이 될 수 있다. 여기에 차 자리에 모인 사람들의 모임의 목적과 날씨 그리고 흥취에 어우러지도록 다탕(茶湯)의 농도와 향미를 낸다면 이는 차생활의 알맞음이 되는 것이다. 차생활의 정(正)과 중(中)의 '화(和)'를 통해 차와 다구와 인간과 자연의 조화 그리고 함께하는 사람들 간의 조화를 느끼게 된다.

2. 중국의 차문화

중국차의 기원으로 육우의 『다경』에 기원전 2700년 전인 신농 때부터 차를 마셨다고 기록되어 있으나 그 이전부터 차나무 자생지역에 거주하던 사람들은 이미 찻잎을 이용했을 것으로 추정되고 있다. 당시는 오늘날과 같이 가공된 찻잎을 우려 마시는 것이 아니고 생잎을 그대로 씹어 먹거나 끓여서 국이나 죽으로 만들어 먹었을 것이다.

위·촉·오 삼국시대(220~265년)에 접어들면서 비로소 일정한 제다 공정을 거친 찻잎을 음용하게 되었다. 위나라 장읍이 쓴 『광아(廣雅)』에는 처음 차를 만들어 가공한 과정이 기록되었는데, 형주와 파주 일대에는 찻잎을 따서 차틀에 찍어 낸 떡 모양의 병차(餠茶)를 만들었다고 한다. 이를 마시는 방법은 자다법(煮茶法)으로 병차를 불에 잘 구워 가루로 만든 후 그것을 자기 속에 넣어 끓여 마셨다고 한다. 여기에 파나 생강, 귤껍질 등을 섞기도 하였다. 이와 같은 자다법은 당대까지 지속되었다.

이후 당, 송, 명, 청으로 이어져 오면서 중국의 차문화는 시대에 따라 다양하게 변화되어 갔으며, 세계 여러 나라에도 많은 영향을 미쳤다.

당나라의 육우는 『다경』에서 '차(茶)'라는 글자의 뜻과 음을 정리하였고, 제다법과 음다법을 체계화하였다. 육우가 밝힌 정행검덕(精行儉德)의 정신은 후세에까지 이르고 있다. 차와 말을 서로 바꾸는 다마무역(茶馬貿易)은 당나라 때부터 시작되었다. 이러한 다마무역은 중국의 중요한 국책이 되어 왔다.

송대에 와서 음다법은 자다법에서 점다법(點茶法)으로 변화되었다. 점다법이란 차를 가루 내어 다선으로 거품을 내어 마시는 방법인데 지금의 가루차와 유사하다. 송의 황제 휘종(1082~1135년)은 차를 좋아하여 『대관다론』이라는 다서를 저술하였다. 이 시대에 가장 화려한 차문화가 형성되었다.

명나라의 태조 주원장(1368~1398년 재위)은 단차의 제조를 폐지하는 칙령을 내렸다. 이 칙령으로 점다법이 사라지고, 포다법(泡茶法)의 시대가 열리게 되었다. 잎차를 우려 마시는 포다법은 기존의 점다법보다 간편하고 차의 향기를 음미할 수 있어서 많은 사람들이 즐기게 되었다. 포다법이 성행하면서 찻잎을 넣어 우려내는 그릇의 필요성이 커져 중국의 자사호가 유행하게 되었다. 명나라 이전의 차는 녹차였으며, 찻잎의 가공 방법은 주로 증기로 쪄서 만든 증청녹차였다. 명대에 이르러 찻잎을 덖는 형식인 초청녹차 제다법이 출현하였고 이로부터 여러 방식의 제다법이 생겨났다.

청대에 이르러 국민의 생활차로 정착되었던 중국의 차문화는 근세의 공산화로 쇠퇴하여 침체되었으나 오히려 타이완은 상업화에 성공하여 차 시장을 통해 세계 각국에 청차문화를 전파해 나갔다. 중국의 문호가 다시 개방되면서 문화교류의 재개와 함께 타이완이나 홍콩 차인들의 중국 본토 방문 등에 힘입어 1980년대 이후 다양한 방면으로 문화교류가 활발해지면서 더불어 차문화의 교류도 확대되어 가고 있다.

오늘날 중국은 지역과 민족에 따라 제다방법과 차를 마시는 풍습이 다양하다. 운남성과 사천성은 흑차인 보이차와 타차를, 복건성과 광동성은 청차인 무이암차와 자스민꽃 향을 착향한 자스민차를, 절강성과 강서성은 녹차인 용정차와 벽라춘을 즐긴다. 중국 서북방에 있는 티베트와 몽고 민족은 유목생활을 하여 식생활이 동물성에 편중되고, 신선한 야채를 섭취하지 못하여 괴혈병에 걸리기 쉬운 여건이다. 이처럼 비타민 C의 결핍으로 인한 괴혈병을 예방하는 생존 음료가 신선한 녹차였다. 이들은 찻물에 신선한 우유나 양젖을 소량의 소금과 함께 넣은 밀크티를 즐겨 마신다.

3. 일본의 차문화

일본에서는 나라시대(710~784년)에 당나라로 유학을 간 선승들에 의해 불교가 일본으로 전해지면서 승려들 사이에 차를 마시는 문화가 전래되었던 것으로 보인다. 그러나 당시 전해진 차는 음료나 기호품으로서의 차가 아닌 공양을 올리는 하나의 예법으로 받아들인 듯하다. 헤안시대(794~1185년) 초기 당에서 전해진 차는 처음에는 귀족과 상류사회에 보급되었고, 후에 사원에서 약용음료로 이용되다가 선종(禪宗)과 함께 선승들의 음료가 되었다.

무로마치시대(1336~1573년)는 정치적으로 혼란스러웠으나 문화적으로는 선종의 영향으로 차문화가 발달하였다. 장군 요시미츠가 다다미를 깔고 도코노마를 설치한 회소(會所)를 처음으로 만들어 이곳에서 권력 있는 무사계급들이 모여 차를 마시는 일이 시작되었다. 처음에는 호화스럽고 값비싼 다구를 사용하였으나 15세기 후반 이후 선(禪)을 바탕으로 한 소박하고 차분한 분위기를 즐기려는 풍조가 유행하였다. 직업적인 차인(茶人)들이 등장하여 차를 마시는 법도를 정하고 다도(茶道)라고 칭하면서 이 법도에 따라 차를 즐기는 일이 성행하게 되었다. 다도의 시조라 할 수 있는 무라타 주코(1423~1501년)는 다도를 수련해서 얻는 경지와 참선을 통해서 얻는 경지는 같은 것이라는 의미의 다선일미(茶禪一味)를 주장하였다. 작은 다실 속에서 수양하여 일생에 단 한 번밖에 만날 수 없다는 일기일회(一期一會)의 마음으로 주인과 손님이 성의를 다한다는 의미를 중시한 다케노 죠오(1502~1555년)에 이르러서는 다도의 윤리가 생겨났다.

아즈치모모야마시대(1573~1603년)에 이르러 무라타 주코 계열의 다케노 조오에게 사사를 받은 센리큐(1522~1591년)에 의해 일본의 다도가 완성되었다. 리큐에 의해 추구된 일본 다도의 정신은 화경청적(和敬淸寂)으로 표현되었다. 여기서 화(和)는 주인과 손님이 조화의 의미로 서로 하나가 되어 화합하는 것이다. 경(敬)은 주인과 손님이 서로를 존중하고 인정하는 마음으로 대하고, 물건을 소중히 하며, 자연에 대한 경외심을 갖는 것이다. 청(淸)은 맑고 평온한 심정으로 차실과 다구를 정갈하게 하는 것이며, 적(寂)은 주변에 흔들리지 않는 고요하고 숙연함을 갖는 것을 말한다. 이로 보면 화경청적은 주인과 손님 사이의 마음이며, 다구와 차실에 대한 마음이라고 볼 수 있다. 이후 리큐의 제자들에 의해 일본의 다도는 크게 발전하였다.

메이지유신 후 서양문화의 유입으로 한때 쇠퇴하였으나 전통문화의 가치 재인식으로 다도는 대중 사이에서는 물론 학교 교육과정에 도입되기도 했다. 오늘날 일본의 다도는 차의 맛을 음미할 뿐 아니라 차실을 꾸미고 도구를 준비하여 일정한 작법으로 차를 내서 주인과 손님이 공감하면서 차를 즐기는 전체적인 과정을 양식화하였으며, 이를 통해 심신을 수련하는 것을 매우 중요시하고 있다.

4. 영국의 차문화

유럽인들이 동양에 처음 발을 내딛었을 당시 동양은 다채로운 문화를 향유하고 있었고 유럽은 상대적으로 빈약한 생활문화를 가지고 있었다. 비단에 이어 향신료, 도자기, 면제품 그리고 차 등 동양에서 유럽으로 유입된 물품은 대단히 많았다. 풍요의 땅인 동양을 동경하는 유럽인의 마음이 아시아 항로를 개척하게 된 계기가 되었고 유럽의 근대 자본주의를 촉진시키는 계기도 되었다.

선두주자였던 포르투갈은 차의 존재를 먼저 알게 되었지만 큰 관심이 없었다. 그들의 관심은 향신료 수입과 선교였다. 유럽의 차문화는 17세기 초 중국의 차가 포르투갈 선교사들에 의해 네덜란드의 암스테르담에 전래되면서 시작되었다. 1602년에 설립된 네덜란드의 동인도회사를 통해 일본과 중국의 차가 유럽 각국에 소개되었다. 커피와 비슷한 시기에 유럽에 전파된 차는 당시 큰 인기를 끌었던 것으로 보인다.

유럽에 소개된 중국차는 상류사회의 기호음료로 인기를 독차지하며 각국으로 퍼져 나갔고 특히 영국에서는 차 붐(Tea Boom)을 일으키게 되었다. 영국에서 차가 처음으로 시판된 곳은 1657년부터 차를 거래한 무역상 토마스 개러웨이의 커피 하우스에서였다. 당시 커피는 차보다 먼저 영국에 들어와 팔리고 있었다. 이때 차는 귀하고 비싸서 왕실의 최고 행사나 접대에 사용되는 상류층의 음료였다.

차 소비량이 증가하면서 네덜란드, 포르투갈, 영국 등 여러 나라들이 중국차에 대한 무역 경쟁을 하던 중 1685년 중국의 황제가 연안의 항구를 유럽의 무역업자들에게 개방하였다. 이때 영국은 기득권을 획득하여 1700년 광동에 무역기지를 형성하였으며, 1721년에는 영국의 동인도회사가 중국차의 전매권을 획득하여 독점을 하게 되었다. 동인도회사는 중국 홍차 수입을 독점하여 매년 막대한 이윤을 남기고 많은 세금을 지출하여 영국의 국가재정과 경제에 크게 기여하였다. 이렇게 해서 영국에서는 차가 주된 음료의 하나로 자리를 잡게 되었다. 당시 왕실에서부터 상류층 가정에 이르기까지 고가의 중국 다관이나 찻잔을 갖추어 가정부로 하여금 차를 시중들게 하는 게 하나의 매너의 상징처럼 생각되는 풍조가 만연하였다.

영국의 산업혁명이 일어나면서 사회 전반에 걸쳐 변화가 크게 일어났다. 당시 차는 노동자계층이 피곤한 몸을 이끌고 집으로 돌아와 몸과 마음을 따뜻하게 녹일 수 있는 음료가 되고 있었다. 그들의 차는 백설탕과 크림을 가미한 고급차가 아닌 거친 최하급 찻잎에 당밀이나 흑설탕으로 단맛을 낸 것이었다. 차는 서민층과 노동자계층에서 음식이 부족할 때 뜨겁게 가득 부어 마실 수 있는 편안한 음료로 점점 더 확산되어 갔다.

영국에서 차의 저변 확대로 수요가 늘어나면서 어떻게 하면 차를 좀 더 저렴한 가격으로 구입할 수 있을까 하는 열망이 커져 갔다. 그래서 18세기 말경부터 영국의 영토 안에서 차를 생산하고자 하는 욕망을 지니고 그 실현을 위해 중국과 가까운 인도에서 차 재배를 시도하였다. 1834년 동인도회사의 중국차 전매 기간이 만료되면서 영국 정부는 인도 총독 산하에 차 위원회를 두어 차의 재배, 가공 및 제조에 대한 지원을 하였다. 처음에는 중국의 차종을 이식하였으나 실패하였고 뒤에 브루스 형제가 지금의 미얀마 영토인 싱포스 지방에서 인도 아샘 지방으로 가져온 토종차 종자를 동생 브루스가 1836년 재배에 성공함으로써 차 생산의 실마리를 얻게 되었다. 이렇게 하여 영국의 식민지인 인도에서 처음으로 홍차가 탄생하였고 영국 기업가들이 차 산업에 뛰어들어 이른바 아샘회사를 설립하였다. 이 회사에서 제조된 홍차를 영국인들은 대영제국홍차라고 불렀다. 이 아샘종 차는 후에 다질링과 남부의 닐기리 지방으로 확대되어 19세기 말에 인도는 세계 제일의 홍차 생산국이 되었다.

이상에서 살펴본 바와 같이 17세기경에 처음 영국에 건너온 차는 18세기의 초까지는 아직 왕실의 음료에 지나지 않았으나 18세기 중엽에서 19세기 중엽에 이르는 1세기 사이에 상류사회에서 중류사회로 확산되었고, 산업혁명과 더불어 19세기 후반에는 다시 일반 서민사회로 확산되어 영국의 국민적 음료로 정착되기에 이르렀다. 오늘날 영국인들은 Early Tea 또는 Bed Tea로 하루를 시작해서 일상적으로 하루에 여러 번의 차생활을 즐기고 Night Tea로 하루를 정리할 만큼 차를 자주 마신다.

질화로엔 향연(香煙)이 일고
돌솥엔 차유(茶乳) 소리 들리네.

-김시습의 〈탐수(耽睡)〉 중에서-

제3장 茶생활을 위한 다구

다구(茶具)는 차를 우려서 마시는 데 사용되는 제반 도구를 의미한다. 다기(茶器)를 포함하는 다구는 사용 후 깨끗이 닦아 건조한 후 보관하도록 한다.

1. 다관

다관(茶罐)은 찻잎을 넣고 물을 부어 우려내는 다기를 말한다. 다관은 뚜껑에 꼭지와 통기구멍이 있고, 몸통에 부리와 손잡이가 달려 있다. 부리는 찻물을 따를 때 잘 멈추어서 다음 찻잔으로 따를 때 몸통으로 찻물이 흘러내리지 않아야 한다. 즉 절수가 잘되는 것이 좋은 다관이다. 입구부분과 뚜껑이 잘 맞아야 하며, 몸통부분의 거름망 구멍은 간격과 크기, 방향이 일정한 것이 좋다.

▲ 다관

2. 숙우

숙우(熟盂)는 차를 우리기 전 뜨거운 물을 부어 식히는 그릇으로 물 식힘 사발 혹은 귀때그릇으로도 불린다. 또한 우린 찻물을 담아 여러 사람이 돌려 가며 각자가 마실 만큼 따라 마시기에 적합한 다기이다.

▲ 숙우

3. 찻잔

찻잔은 우린 차를 담아서 마시는 용도로 쓰이는 다기이다. 입술이 닿는 부분은 안으로 오므라지지 않아야 마시기에 편하다. 찻잔은 투박하지 않고 얇은 것이 차의 맛을 음미하기에 좋다. 백자 다기는 여름에 사용하는 것이 좋으며 겨울에는 진한 색의 다기를 사용하는 것이 계절에 어울린다. 백자는 탕색을 구별하기에 좋다.

▲ 찻잔

4. 찻잔받침

찻잔받침은 찻잔의 크기에 어울려야 한다. 재질은 나무, 도자기, 상아, 금속 등이 있다. 현대에 와서는 나무로 된 찻잔받침이 찻잔과의 마찰을 완화시켜 많이 사용되고 있다.

▲ 찻잔받침

5. 차호

차호(茶壺)는 찻상에서 차를 소량 덜어 담아 두는 다기이다. 차를 마실 때는 필요할 분량만큼만 차호에 덜어서 쓰도록 한다. 차는 공기 중 산화되지 않고 외부의 습기나 온도에 침입을 받지 않도록 밀폐해서 보관해야 한다.

▲ 차호

6. 퇴수기

퇴수기(退水器)는 다관과 잔을 데운 물을 버리거나 차 찌꺼기를 버리는 다기로 물 버림 그릇이라고도 한다. 퇴수기는 입구가 넓어야 사용하기에 좋다.

▲ 퇴수기

7. 다완

다완(茶碗)은 가루차를 거품 내어 마실 수 있는 다기로 차 사발이라고도 한다. 흙의 종류나 불의 온도에 따라 사발의 형태나 빛깔에는 여러 가지가 있다.

▲ 다완

8. 물 항아리

물 항아리는 차를 끓이기 위해 사용할 물을 보관해 두는 물 단지이다.

▲ 물 항아리

9. 화로, 솥, 탕관

화로는 물을 끓이는 도구로 과거에는 숯으로 불을 피워 사용했지만 요즘에는 화로 안에 전기선을 넣어 편리하게 이용하기도 한다. 솥과 탕관은 찻물을 끓이는 데 쓰이는 용기이다.

▲ 화로와 솥

▲ 화로와 탕관

10. 표자

표자(杓子)는 탕관과 솥에서 혹은 물 항아리에서 물을 떠낼 때 사용하는 도구이다. 대나무로 만들어 쓰기도 하고 표주박을 잘라서 쓰기도 한다.

▲ 표자

11. 개반

개반(蓋盤)은 뚜껑 받침으로 주로 다관이나 차호의 뚜껑을 올려놓는 데 쓰인다.

▲ 개반

12. 차시

차시(茶匙)는 차호에서 차를 떠내어 다관에 넣을 때 사용되는 숟가락이다. 대나무로 만들거나 나무로 만들어 옻칠을 해서 사용한다.

▲ 차시

13. 다선

다선(茶筅)은 차 사발에 가루차를 넣어 거품을 일으키는 데 쓰이는 것으로 다솔이라고도 한다. 대나무를 가른 수에 따라 80본, 100본, 120본 등이 있다.

▲ 다선

14. 차 거름망

차 거름망은 차를 우려서 따를 때 찌꺼기 혹은 어린 찻잎이 다관에서 걸러지지 않고 나오는 것을 다시 한 번 걸러 깨끗하고 맑은 차를 마실 수 있도록 하는 도구이다.

▲ 차 거름망

15. 보조다관

보조다관은 손님에게 두 번 이상 차를 낼 때 자유롭게 더 따라서 드실 수 있도록 내어놓는 곁다관이다. 손잡이가 옆에 있는 것이 사용에 편리하다.

▲ 보조다관

16. 다건과 차 상보

다건(茶巾)은 차를 우릴 때 다기 주변에 묻은 물기를 닦는 데 필요하다. 주로 목면이나 무명으로 만들어 쓴다. 차 상보(床褓)는 다기를 덮는 덮개의 용도로 사용한다. 오늘날에도 홍색이 많이 사용되는데 다소 빳빳한 천이 좋다.

▲ 다건과 차 상보

17. 찻상

찻상은 차를 내서 마시거나 차를 나를 때 사용하는 것이다. 찻상의 종류로는 주인이 차를 우리는 상, 차나 다식을 담아 나를 때 쓰는 다반, 손님과 함께 차를 마시고 다식을 먹는 다과상이 있다.

▲ 다반

18. 다식그릇

다식그릇은 차를 마실 때 곁들이는 다식을 비롯한 한과류를 담아 놓는 것으로 여러 가지 형태가 있다. 1인, 3인, 5인 혹은 여럿이 함께 즐길 수 있는 그릇으로 색과 모양이 감상하기에도 좋다.

▲ 다식그릇

19. 다화병

다화병은 차를 마실 때 꽃이나 풀을 꽂아 차 자리를 더욱 아름답게 만드는 화병이다. 다화병의 꽃은 은은한 것으로 하는 것이 좋다.

▲ 다화병

마음 바탕 깨끗하기 물과 같고
훤연히 트여서 막힘이 없다네.
이것이 바로 물아(物我)를 잊는 것
찻잔 가득 차 따라 마신다네.
—김시습의 〈고풍(古風)〉 중에서—

제4장 향기 있는 다례

1. 기본 다례

차를 마시는 기본 다례는 찻잎을 우려 차를 마시고 정리하는 일련의 과정을 포함한다.

▲ 기본 다례 세로 배열
(자료: (사)한국차인연합회 다구배열 참조)

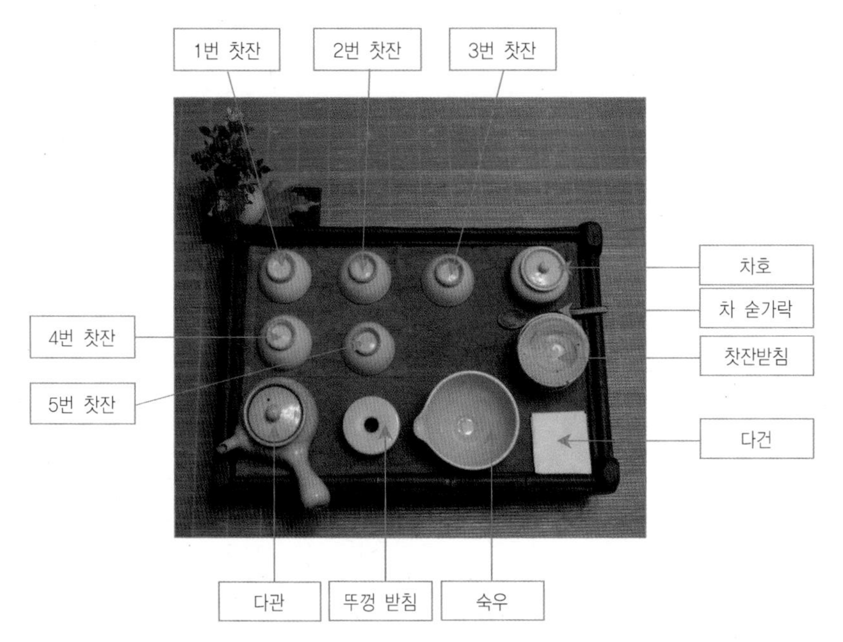

▲ 기본 다례 가로 배열
(자료: (사)경주전통다례문화연구원 다구배열 참조)

1) 차생활의 예절

우리는 오랜 역사와 전통을 두루 살펴 조상들의 아름다운 생활 정신과 예절을 찾아 오늘에 맞도록 다듬어야 한다. 차의 보급이 전국의 생활문화권으로 넓게 퍼져 나가고 있어 그 어느 때보다 올바른 차생활의 기본예절이 절실히 요구되고 있다.

좋은 차생활 습관을 몸에 익혀 마음의 여유, 아름다운 몸가짐 그리고 편안함을 주는 대인관계를 영위하는 것은 매우 의미 있는 일이다. 차생활은 단순히 차를 마시는 것에 그치는 것이 아닌 몸과 마음에 수양을 쌓는 일이기도 하다.

조선 초 학자 이목(李穆)이 "차는 사람으로 하여금 예를 갖추게 한다."고 한 것처럼 차생활에 있어서의 기본은 정성스러운 마음에서 우러나는 예의바른 몸가짐을 지니게 한다. 사람은 예의를 지킴으로써 서로를 사랑하며 존경하고 또한 친밀한 관계를 만들어 가게 된다.

사람의 동작이나 자세는 몸가짐에서 비롯된다. 차생활 가운데서도 바른 몸가짐을 습관화함으로써 차의 향기에 어울리는 인품과 모습을 지니게 된다. 겉으로 나타난 몸가짐이 바르면 그 사람의 마음가짐이 바르다고 생각된다.

조선시대의 학자 이율곡(李栗谷: 1536~1584년)의 『격몽요결(擊蒙要訣)』에 나오는 구용(九容)의 몸가짐을 차생활에 접목하여 그 내용을 살펴보기로 한다.

(1) 입용덕(立容德)

서 있는 용모는 의젓해야 한다. 차 자리에 오는 손님을 맞이함에 있어 몸의 중심을 바르게 세워 덕이 있는 기상을 지녀야 한다. 몸의 중심을 균형 있게 하여 두 다리를 붙여 서고 발의 뒤꿈치를 모은다.

(2) 족용중(足容重)

발걸음은 신중하게 움직여야 한다. 손님을 차 자리로 안내할 때 경솔히 움직여 가벼이 하지 않아야 한다. 차 자리를 준비하기 위해 찻상인 다반을 들고 이동할 때 역시 움직임을 신중히 해야 한다.

(3) 수용공(手容恭)

손의 용모는 공손히 해야 한다. 찻상을 들어 옮기거나 제자리에 가져다 놓을 때 손의 움직임은 삼가 공손해야 한다. 팔꿈치가 수평이 되도록 하고 두 손을 사용하여 찻상을 들도록 한다. 네 손가락이 상의 옆 중앙 밑으로 가고, 엄지손가락이 상 옆에 닿게 한다.

(4) 두용직(頭容直)

머리의 용모는 곧게 가져야 한다. 차 자리에서 차를 내는 사람은 머리의 흐트러짐이 없이 반듯하게 가져야 한다.

(5) 색용장(色容莊)

얼굴의 용모는 가지런히 해야 한다. 차를 내는 사람은 얼굴빛을 온화하게 정제하도록 한다.

(6) 기용숙(氣容肅)

숨소리의 용모는 정숙히 한다. 차를 낼 때는 마음을 차분히 하고 숨을 고르게 하여 안정감이 있어야 한다.

(7) 목용단(目容端)

눈의 용모는 단정히 해야 한다. 차를 떠서 다관에 넣는 과정에서는 곁눈질하지 않고 시선을 차와 다기에 단정히 집중해야 한다.

(8) 구용지(口容止)

입의 용모는 신중하게 가져야 한다. 다관에서 차가 우러질 때까지 마음과 정성을 다해 조용히 입을 다물고 기다린다.

(9) 성용정(聲容靜)

소리의 용모는 조용해야 한다. 차를 손님께 드린 후 함께 마시면서 정다운 이야기를 나누는 동안 말소리는 조용하고 나직해야 한다.

2) 기본 다례의 순서

(1) 차 우리기

① 홍색 차 상보를 들어 무릎에 놓고 고이 접어 퇴수기 뒤에 놓는다.

② 다건을 들고 오른손으로 탕관을 들어 예열할 물을 숙우에 붓고 탕관을 제자리에 둔다.

③ 숙우의 물을 다관에 붓는다.

④ 다시 한 번 탕관을 들어 차를 우릴 분량의 물을 숙우에 붓는다.

⑤ 다관을 들어 5개의 찻잔에 물을 고르게 붓는다.

⑥ 차호를 가져온다.

⑦ 차시로 5인 분량(1인 1~2g 정도)의 찻잎을 떠서 다관에 넣는다.

⑧ 차호를 제자리에 두고 식힌 숙우의 물을 다관에 붓는다.

⑨ 숙우를 제자리에 두고 찻잔을 예열한 물을 퇴수기에 버린다.

⑩ 다관에 우려진 찻물을 5번 찻잔에 조금 따르고 우러난 차의 색을 본다.

⑪ 1번 찻잔부터 5번 찻잔까지 조금씩 차를 따르고 다시 5번 찻잔에서 1번 찻잔까지 차를 따른다.

⑫ 찻잔받침을 가져와 찻잔을 받침 위에 조용히 놓는다.

⑬ 1번 찻잔부터 연장자의 순으로 내어 드린다. 차를 다 내면 손님들에게 목례로 인사를 한다.

⑭ 손님들은 찻잔을 들어 차의 색과 향을 감상한 후 차를 음미한다. 차를 내는 사람은 다건과 탕관을 들어 두 번째 차 우릴 물을 숙우에 붓는다.

⑮ 숙우에 부은 물을 다관에 붓는다.

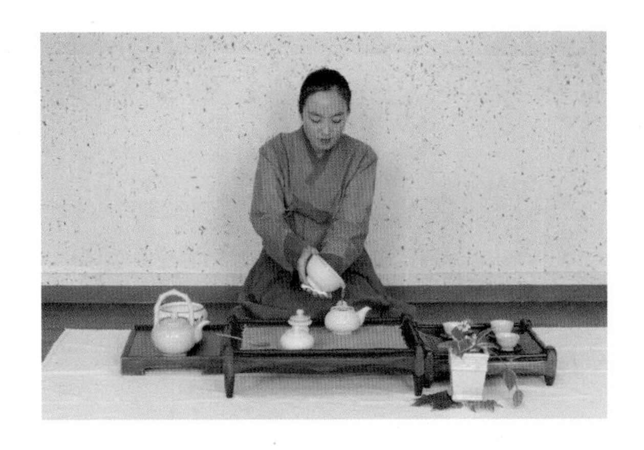

⑯ 차를 내는 사람도 차를 마신다.

⑰ 다관을 들어 두 번째 우린 차를 숙우에 따라 붓는다.

⑱ 숙우를 손님이 들기 좋은 방향으로 돌려서 내어놓는다.

(2) 정리하기

① 숙우를 제자리에 두고 1번 찻잔부터 순서대로 가져와 놓는다.

② 탕관을 들어서 찻잔을 씻을 분량의 물을 숙우에 붓는다.

③ 숙우를 들어 5개의 찻잔에 고루 물을 붓는다.

④ 1번 찻잔부터 정리해서 제자리에 둔다.

⑤ 5번 찻잔까지 모두 닦아 제자리에 둔 후 퇴수기 뒤에 두었던 홍색 차상보로 찻상을 덮는다.

⑥ 목례하고 마친다.

2. 접빈 다례

접빈 다례는 손님들을 초대하여 모임을 하는 자리에서 차로써 극진히 대접하는 예가 된다.

▲ 접빈 다례 다기 배열
(자료: (사)한국차인연합회 다구 배열 참조)

1) 접빈 다례의 기본예절

(1) 접빈 다례의 준비

① 차 자리 모임의 시기

봄에 햇차가 나왔을 때, 좋은 차를 선물로 받았을 때, 공경하는 분을 모시고 싶을 때, 차를 즐기는 사람들과 만나고 싶을 때 손님을 초대하는 소박한 차 모임을 마련할 수 있다.

나날이 바쁜 생활에 쫓기는 현대인들에게 한 잔의 차를 나눌 수 있는 자리가 마련될 수 있다면 차를 마시며 마음에 간직했던 이야기를 나누면서 여유를 가지게 될 것이다. 차 모임을 통해 따뜻한 마음을 전하고 생활의 활력소도 얻을 수 있다.

② 차 자리의 선정

계절에 따라 실내에서 혹은 뜰에서 차 자리 모임을 가져 볼 수 있다. 그러나 주변이 산만하면 마음을 가라앉혀 고요히 차를 마시기에 부적합하다. 집 안의 거실이나 사무실의 작은 공간이라도 일정한 자리를 정해 놓고 항상 그 자리에서 차를 마시는 습관을 들이는 것이 바람직하다. 거실이라면 방석이나 돗자리를 마련하는 것이 좋다.

차 자리는 조용하고 정갈한 곳이 좋다. 소란스럽거나 다른 음식물의 냄새가 나는 곳은 피하여야 한다. 꽃이나 그림 등으로 공간을 꾸미고 어울리는 음악을 곁들이며, 나직하게 다담을 나누면서 차를 마시도록 한다.

③ 차 자리의 배치

차를 마시는 모임에서 자리 배치는 매우 중요하다. 제일 먼저 주빈(主賓)이 앉는 위치가 분명해야 그에 따라 다른 손님들이나 차를 내는 사람이 앉는 자리도 정해지게 된다. 대개의 경우 상석의 맞은편 자리에는 차를 내는 사람이 앉게 된다.

자리를 배치할 때 일반적으로 동쪽이 상석으로 통용되지만 북쪽을 상석으로 간주하기도 하므로 주빈의 자리를 우선적으로 배치한다. 실내의 경우 상석은 출입문을 피해서 사람들의 이동이 번거롭지 않은 장소로 한다. 바깥의 아름다운 경치가 잘 내다보이는 곳, 여름에는 시원하고 겨울에는 따뜻한 곳으로 정하며, 무엇보다 인원에 맞게 여유 있는 공간이어야 한다.

(2) 손님으로서의 예절

① 차 자리 방문의 예절

어느 모임이나 행사에서와 마찬가지로 차 자리 모임에도 방문에 대한 예절이 있다. 초대받은 손님은 시간을 잘 지켜야 한다. 특히 차 모임이란 예절이 바탕이 되므로 시간을 지켜야 함은 기본이다.

옷차림은 정장이나 한복차림이 알맞지만 부득이한 경우 현란한 차림새는 피한다. 진한 화장, 향수, 진한 손톱 색과 진한 입술 색은 삼간다.

차 자리 공간에 들어가서는 필요 없는 이야기를 하거나, 껌을 씹거나, 주위를 두리번거리며 이 물건, 저 물건에 손을 대는 등 산만한 행동을 삼간다. 말은 조용하게, 행동은 유연하고 민첩하게 한다.

② 차 자리에서 앉는 예절

통로나 실내의 장식품 등을 가리지 않게 충분한 공간을 두고 앉는다. 온돌의 방석 위에 앉을 때는 방석을 밟지 않도록 주의한다. 앞에 놓인 방석의 양 모서리를 두 손으로 잡아 당겨 무릎 밑으로 넣으면서 방석 위에 무릎을 꿇고 앉는다. 먼저 한쪽 발을 반발쯤 뒤로 빼면서 한쪽 무릎을 꿇고 몸이 흔들리지 않게 다른 무릎을 가지런히 꿇고 앉는다. 방석의 중앙에 앉는다. 방석에 앉았을 때 남성은 왼손을 오른손 위에, 여성은 오른손을 왼손 위에 가지런히 얹어 꿇어앉은 두 무릎 위에 놓는다.

연장자가 편히 앉으라고 말씀하시면 남성은 가부좌를, 여성은 두 발을 한쪽으로 빼서 엉덩이를 바닥에 붙이고 앉는다. 모두 허리와 가슴을 바르게 하고 안정감 있게 앉는다.

③ 차 마시는 예절

무엇이든 다소곳이 맛보는 것을 음미(吟味)한다고 한다. 이것은 음식만이 아니라 정신생활에까지 적용된다. 이런 음미의 태도는 바로 차에서 유래한 것이다. 잘 우러난 차를 음미하면 거기에는 분명히 쓴맛, 떫은맛, 신맛, 짠맛, 단맛을 느낄 수 있다.

차를 마심에 있어 찻잔을 왼손바닥에 올려놓고 오른손으로 잡고 마신다. 차의 색과 향기, 맛을 느끼며 마시되 세 번 혹은 네 번에 나누어 마신다. 찻잔에 전해지는 온기와 도자기의 질감도 느껴 본다. 차를 입안에 넣고 머금었다가 조용히 삼킨다. 이로써 차의 다섯 가지 맛을 고루 맛보고, 차의 풍취도 느낄 수 있다.

차를 따라 마실 때 단숨에 꿀꺽꿀꺽 마셔 버리거나, 다시 데워 마시거나, 굉장히 진하고 독한 차를 마시고 싶어 하는 것은 차의 풍미를 즐기며 음미하는 자세가 아니다.

차를 더 마시기 원할 때는 찻잔 받침 위에 찻잔을 내려놓고 살짝 앞으로 내어놓는다.

2) 접빈 다례의 순서

(1) 차 우리기

① 홍색 차 상보를 고이 접어 퇴수기 뒤에 놓는다.

② 소다반의 상보를 걷어 홍색 차 상보 위에 둔다.

③ 다건 1로 더운 물솥의 뚜껑을 열고 뚜껑 받침 위에 놓는다.

④ 물 항아리 뚜껑을 열어 뚜껑 받침 위에 놓는다.

⑤ 다건 2를 들고 오른손으로 표자를 들어 솥 안의 뜨거운 물을 휘젓는다.

⑥ 예열할 물을 한 표자 가득 떠서 숙우에 붓는다.

⑦ 숙우의 물을 다관에 붓는다.

⑧ 다시 한 번 표자를 들어 차 우릴 분량의 물을 숙우에 붓는다.

⑨ 다관을 들어 5개의 찻잔에 물을 고르게 붓는다.

⑩ 차호를 다관 가까이로 가져와 5인 분량(1인 1~2g 정도)의 찻잎을 떠서 다관에 넣는다.

⑪ 차호를 제자리에 두고 식힌 숙우의 물을 다관에 붓는다.

⑫ 숙우를 제자리에 두고서 차가 우려질 동안 찻잔을 예열한 물을 퇴수기에 버린다.

⑬ 다관에 우려진 찻물을 5번 찻잔에 조금 따라 우러난 차의 색을 본다.

⑭ 1번 찻잔부터 5번 찻잔까지 조금씩 차를 따르고 다시 5번 찻잔에서 1번 찻잔까지 차를 따른다.

⑮ 1번 찻잔부터 차례로 다반에 내어 드린다. 차를 다 내면 손님들에게 목례로 인사를 한다.

⑯ 손님들이 차를 드시는 동안 차를 우리는 사람은 보조다관을 예열할 물을 한 표자 뜬다.

⑰ 그 물을 숙우에 부어 보조다관에 따른다.

⑱ 두 번째 차 우릴 물을 숙우에 붓는다.

⑲ 숙우에 부은 물을 다관에 붓는다.

⑳ 보조다관을 예열한다.

㉑ 예열한 보조다관의 물을 퇴수기에 버린다.

㉒ 두 번째 우려진 차를 보조다관에 따른다.

㉓ 보조다관을 다반에 내어놓는다.

㉔ 차를 내는 사람도 손님들과 함께 다담을 나누며 차를 마신다.

(2) 정리하기

접빈 다례의 정리하기는 기본 다례와 동일하게 하여도 무방하다. 단, 소다반 정리부분은 다음과 같다.

① 보조다관을 제자리에 두고 다식그릇을 정리한다.
② 찻잔과 받침은 차례대로 가져와 원래의 위치에 가져다 놓는다.
③ 다건을 들고 표자를 들어서 찻잔과 보조다관을 씻을 분량의 물을 떠서 숙우에 붓는다.
④ 숙우를 들어 1번 찻잔부터 5개 찻잔에 고루 물을 붓는다.
⑤ 찻잔에 붓고 남은 물을 모두 보조다관에 붓는다.

⑥ 1번 찻잔부터 정리한다.

⑦ 5번 찻잔까지 모두 닦아 제자리에 둔 후 보조다관의 물을 버리고 제자리에 놓는다.

⑧ 표자를 들어 물 항아리의 찬물을 한 표자만 떠서 솥에 붓는다.

⑨ 몸을 가볍게 움직여 퇴수기 뒤에 두었던 차 상보를 가져와 소다반을 덮는다.

⑩ 다시 몸의 방향을 바르게 하여 홍색 상보를 가져와 찻상을 덮는다.

⑪ 목례하고 마친다.

3. 나눔 다례

나눔 다례는 많은 사람들이 모여 차를 나누며 봉사하는 모임에서 활용할 수 있는 다례이다. 좋은 분위기에서 정성껏 손님을 대접할 수도 있고, 함께 차를 나누는 사람들 간에 친목을 도모할 수도 있다.

1) 대용차

(1) 대용차의 개념

차나무의 잎을 이용해서 만든 차를 포함하는 순다류(純茶類)에 반해 대용차는 녹차를 혼합한 것과 녹차를 혼합하지 않은 유사다류(類似茶類)를 의미한다.

(2) 대용차의 분류

① 차혼성차(茶混成茶)

녹차와 다른 재료들을 섞어 만든 차로 기국차(杞菊茶), 구기차(枸杞茶) 등이 있다. 기국차는 들국화 말린 것, 구기자, 차, 참깨를 곱게 갈아 체에 쳐서 마실 때는 끓는 물에 타서 마신다. 구기차는 구기자를 마른 밀가루와 반죽하여 떡 모양처럼 만들어 가루를 만든다. 차와 구기자가루를 섞어 끓는 물에 개어 끓여서 마신다.

▲ 기국차

② 화엽차(花葉茶)[12]

화엽차의 재료로는 매화(梅花), 국화(菊花) 등이 주로 이용된다. 차를 우릴 때는 유리다관에 정량을 넣고 뜨거운 물을 부어 2~3분간 우려낸다. 너무 오래 우려내면 맛이 떫어지므로 주의한다. 두 번 정도 우려낸 녹차에 몇 송이의 꽃잎을 첨가하여 우려내서 마시면 녹차와 꽃의 향기가 어우러져 자연의 기를 느낄 수 있다.

▲ 매화차

12) 화엽차를 만들기 위해서는 꽃잎을 채취한 후 연한 소금물로 살짝 씻어 미세 먼지와 오염된 부분을 소독한다. 채반에 건져내어 물기를 제거한다. 꽃잎이 부서지거나 손상되지 않도록 한지를 깔고 바람이 있는 그늘에서 조심스럽게 말린다. 건조된 꽃잎은 밀폐 용기에 담아 방습제를 함께 넣어 보관한다. 전용 냉장고를 마련하여 보관하면 꽃의 색을 오래 유지할 수 있다.

③ 과실차(果實茶)

과실차는 과육(果肉)이나 과피(果皮)를 꿀이나 설탕에 재어 청(淸)을 만들어 두었다가 차를 만들거나 끓는 물에 넣고 맛이 우러나도록 달여서 마신다. 모과차, 유자차, 귤피차, 석류피차 등이 있다.

▲ 유자차

④ 약재차(藥材茶)

한약재를 이용하여 만든 차다. 식물의 뿌리, 열매, 순, 가지 등을 이용한 것으로 구기자차, 두충차, 오가피차, 계피차, 칡차, 오미자차, 당귀차, 생강차, 인삼차 등이 있다. 뜨거운 물에 우리거나 끓여서 마시고, 꿀 혹은 설탕을 가미하기도 한다.

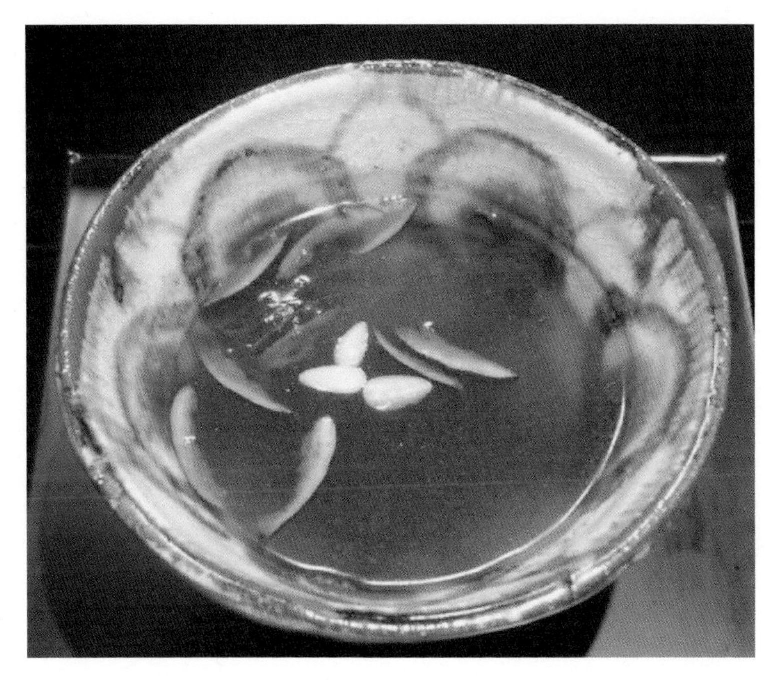

▲ 계피차

2) 한과

(1) 한과의 개념

유밀과와 유과, 다식, 숙실과, 엿강정 등을 통틀어 한과라고 한다. 한과는 다양한 조리방법이 있지만 여러 가지 곡식의 가루를 반죽하여 기름에 지지거나 튀기는 유밀과, 찹쌀가루에 술을 넣고 반죽해서 익힌 다음 모양을 만들어 건조시킨 후 기름에 지지고 엿이나 꿀을 입혀 다시 고물을 묻힌 유과, 가루 재료를 꿀이나 조청으로 반죽하여 다식판에 박아 낸 다식, 과일을 익혀서 다른 재료와 섞거나 조려서 만드는 숙실과 그리고 견과류나 곡식을 중탕한 뒤 조청에 버무려 만든 엿강정 등의 방법이 있다.

(2) 한과의 분류

① 유밀과

유밀과는 밀가루에 꿀과 기름을 넣고 반죽한 것을 일정한 모양을 만들어 기름에 지져 낸 다음 즙청한 것이다. 유밀과에는 약과가 가장 대표적이고 다음이 만두과, 다식과, 매작과 등이 있다.

이 중 약과는 밀가루에 기름, 꿀을 넣고 반죽하여 약과판에 박아 기름에 지져 낸 후 즙청에 담갔다 건져 잣가루를 뿌린 것이다. 만두과는 반죽은 약과 반죽과 같고 대추, 황률, 건시 등을 이긴 것에 계피가루와 꿀을 섞은 것을 소로 넣어 만두처럼 빚어서 기름에 지져 즙청을 하고 잣가루를 묻힌 것이다. 다식과는 약과처럼 반죽하여 다식판에 박아내어 기름에 지져 즙청해서 잣가루를 뿌려 만든 것이다. 매작과는 밀가루에 생강즙과 물을 넣어 반죽한 후 얇게 밀어서 길이 5~6㎝, 폭 1.5㎝ 되게 썰어 중앙에 내 천(川) 자로 칼집을 넣어 뒤집어 기름에 지져 꿀이나 설탕물에 묻혀 잣가루를 뿌린 것이다.

▲ 약과

② 유과

유과는 찹쌀가루에 술을 넣고 반죽하여 익힌 다음 꽈리가 일도록 저어서 모양을 만들어 건조시킨 후 기름에 지지고 엿이나 꿀을 입혀 다시 고물을 묻힌 것이다. 유과에는 강정, 산자, 빈사과 등이 있다.

강정은 찹쌀가루에 술을 넣어 반죽하여 쪄서 익힌 후 꽈리가 일도록 저어서 만든 반죽을 갸름하게 썰어 말렸다가 기름에 지져 고물을 묻힌 것으로 고물에 따라 세반[13]강정, 매화강정,[14] 깨강정, 흑임자강정, 콩강정, 송화강정, 생강강정, 잣강정, 계피강정, 호두강정 등이 있다.

산자는 강정과 같은 반죽을 하여 네모 모양으로 편편하게 만들어서 기름에 지져 꿀을 바르고 고물을 묻힌 것으로 고물에 따라 세반산자, 매화산자, 밥풀산자 등이 있다. 빈사과는 반죽은 강정과 같고 모양은 반죽을 팥알만큼씩 썰어 기름에 지져 꿀에 버무려 네모난 틀에 부어 굳혀 다시 작은 네모로 썬 것이다.

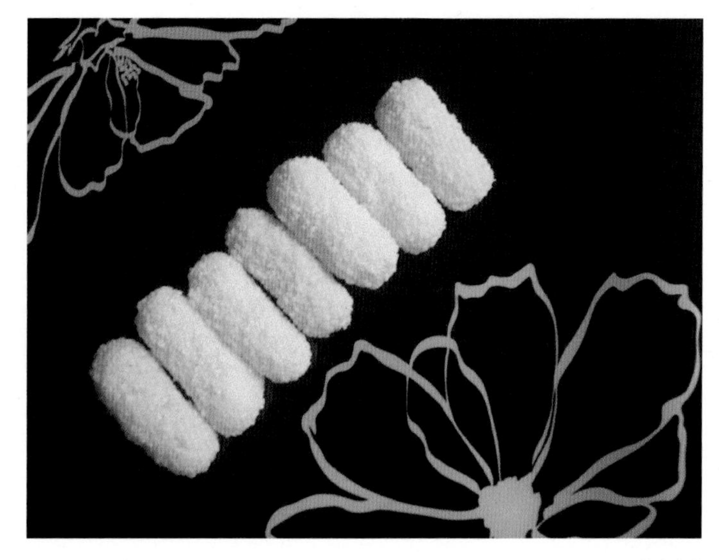

▲ 세반강정

③ 다식

다식은 좁게는 곡물가루, 한약재가루, 견과류 등을 날로 먹을 수 있는 것은

13) 세반은 찹쌀을 쪄서 말린 다음 절구에 넣고 곱게 찧어서 그대로 또는 물을 들여서 다시 말린 다음 쇠 거름망에 넣어 끓는 기름에 잠깐 튀겨 낸 것이다.

14) 매화강정은 강정에 조청을 바른 뒤 찰벼를 튀겨 매화 모양으로 된 고명을 묻힌 것이다. 색에 따라 백매화강정, 홍매화강정, 홍・백매화강정 등이 있다.

그대로, 날로 먹을 수 없는 것은 볶아서 가루로 하여 꿀을 넣고 반죽하여 다식판에 박아낸 것을 말한다. 넓게는 모든 식물의 뿌리, 줄기, 잎, 열매와 동물성 재료 등을 볶거나 찌거나 말리거나 발효시켜서 수분을 증발시키고 가루로 만든 다음 꿀이나 시럽, 물엿, 조청 등을 넣고 반죽하여 다식판에 찍어낸 것이라고 할 수 있다.

곡물가루를 이용한 것으로는 오미자 국물로 물들인 녹두 녹말에 꿀을 넣고 반죽하여 박은 녹말다식, 볶은 밀가루에 참기름, 꿀, 청주를 섞어 반죽하여 박은 진말다식, 찐 찹쌀을 볶은 후 가루 내어 꿀로 반죽하여 박은 찹쌀다식 등이 있다.

한약재가루로 만든 다식에는 생강즙을 가라앉혀 그 앙금을 말린 가루인 강분을 꿀로 반죽하여 박은 강분다식, 당귀 잎을 말려 가루 낸 승검초다식, 칡가루에 생강즙과 꿀을 넣어 반죽하여 박은 갈분다식 등이 있다.

견과류로 만든 다식에는 황률 가루를 꿀로 반죽하여 박은 밤다식, 말린 과일류를 가루로 만들어 꿀로 반죽해서 박은 잡과다식, 찐 대추의 씨를 바르고 짓이겨 계피가루를 섞어 꿀로 반죽하여 박은 대추다식, 잣가루에 꿀을 넣고 버무려서 박은 잣다식 등이 있다.

종실을 이용한 것으로는 볶은 흑임자 가루에 꿀을 섞어 반죽하여 박은 흑임자다식, 콩가루를 꿀에 반죽해서 박은 콩다식, 거피한 깨를 볶아 꿀로 반죽하여 박은 진임다식 등이 있다. 꽃가루로 만든 다식에는 송홧가루를 꿀에 반죽하여 박은 송화다식이 있다.

동물성 재료를 이용한 것으로는 소금에 절여 말린 꿩고기를 가루로 내어 후춧가루와 잣가루를 섞고 꿀과 반죽하여 박은 건치다식, 육포를 가루 내어 잣가루와 후추 가루를 섞어 꿀로 반죽하여 박은 포육다식, 광어포를 뜯어 보푸라기를 만들어 기름과 꿀로 반죽하여 박은 광어다식 등이 있다.

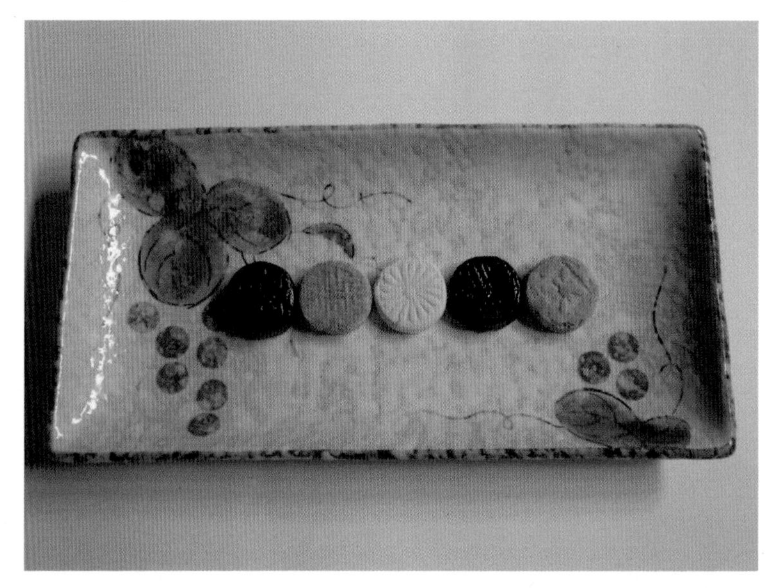

▲ 삼색 다식
(흑임자다식, 오미자다식, 송화다식)

④ 숙실과

숙실과는 과일을 익혀서 다른 재료와 섞거나 조려서 만드는 것이다. 대표적으로 조란은 대추의 씨를 빼고 다져서 찐 후 어레미에 걸러 꿀과 계피가루를 섞어 대추모양으로 빚은 다음 조청을 바르고 잣가루에 굴린 것이다. 율란은 삶은 밤을 겉껍질과 속껍질을 벗기고 어레미에 내린 밤 가루에 설탕물이나 꿀, 소금, 계피가루를 넣고 반죽을 해서 밤 모양으로 빚어 조청이나 꿀을 바르고

잣가루를 묻힌 것이다. 생란은 생강을 다져서 물을 붓고 끓여서 매운맛을 우리고 꿀이나 설탕에 졸인 후 식혀 생강모양으로 빚어 잣가루를 묻힌 것이다.

대추초는 씨를 뺀 대추에 정종을 뿌려 하룻밤 따뜻하게 두었다가 꿀, 참기름, 계피가루를 넣고 중탕을 한 다음 꼭지에 잣을 박은 것이다. 밤초는 삶은 밤을 속껍질을 벗기고 설탕이나 꿀에 졸여 계피가루와 잣가루를 묻힌 것이다.

▲ 밤초와 대추초

⑤ 엿강정

엿강정은 중탕한 엿물이나 조청, 꿀, 설탕을 끓인 시럽에 콩이나 깨 또는 견과류를 넣고 섞어 반대기를 지어서 굳으면 썬 것이다.

대표적으로 콩엿강정은 중탕한 엿물이나 조청, 꿀, 설탕을 끓인 시럽에 콩을 넣고 섞어서 밤알 크기로 떼어서 콩가루에 무쳐 둥글고 얇게 만들어 굳힌 것이다. 땅콩엿강정은 엿을 녹인 것에 볶은 땅콩을 섞어 굳힌 것이며, 깨엿강정은 엿을 녹인 것에 볶은 깨를 섞어 굳힌 것이다.

▲ 깨엿강정

(3) 나눔 다례를 위한 한과 준비

나눔 다례에 곁들여지는 한과를 준비할 때는 다음과 같은 사항을 유념 하도록 한다.

첫째, 제철에 생산되는 재료를 활용한 것으로 한다. 계절감을 느낄 수 있고, 주위의 환경에서 손쉽게 얻을 수 있는 재료로 만들어진 것이 좋다.

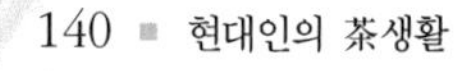

둘째, 재료가 갖고 있는 본연의 맛과 영양을 지닌 것으로 한다. 너무 딱딱하지 않고 씹을 때 큰 소리가 나지 않으며 부드러워야 한다.

셋째, 차를 마실 때는 한과를 배부르게 먹지는 않으므로 인원수에 맞게 필요한 양만큼 준비한다. 크기는 한입에 먹기에 알맞고 간편해야 한다. 함께 차를 나누는 사람들의 연령이나 기호 등을 고려하는 것도 좋다.

넷째, 차의 향을 감소시키는 것은 삼가고 차의 종류와 특징에 어울리는 것으로 준비한다.

다섯째, 개인접시와 젓가락을 준비하도록 한다. 차와 함께 한과를 먹는 자리에서도 음식예절을 배우고 익힐 수 있다.

Tip 차의 종류에 따른 다식

차에 곁들이는 음식을 통칭해서 다식(茶食)이라고도 부른다. 우리나라에서는 한과류를 다식으로 많이 쓰지만 중국에서는 땅콩, 해바라기씨, 호박씨 등의 견과류, 일본은 과자류, 유럽은 케이크, 쿠키, 푸딩 등을 차에 곁들여 먹는다. 차의 종류에 따라 어울리는 다식을 예시하면 다음과 같다.

- 녹차: 녹차를 마실 때는 송화다식, 콩다식, 흑임자다식 등이 잘 어울린다.
- 백차: 백차와는 맛이 강하지 않은 푸딩 종류가 좋다.
- 황차: 황차에 어울리는 것으로는 땅콩이나 호박씨, 깨로 만든 강정 등이 있다.
- 청차: 청차에는 곡물다식이나 견과류가 좋다.
- 홍차: 홍차에는 달콤한 쿠키나 케이크를 곁들인다.
- 흑차: 흑차를 마실 때는 작은 떡, 약과 혹은 견과류 등을 먹으면 좋다.

3) 그룹별 나눔 다례

(1) 소그룹 대상 나눔 다례

10명 미만의 인원이 참석하는 나눔 다례의 테이블 세팅을 예시하면 다음과 같다.

▲ 소그룹 나눔 다례(1)

▲ 소그룹 나눔 다례(2)

▲ 소그룹 나눔 다례(3)

(2) 대그룹 대상 나눔 다례

10명 이상의 인원이 참석하는 나눔 다례의 테이블 세팅을 예시하면 다음과 같다.

▲ 대그룹 나눔 다례(1)

▲ 대그룹 나눔 다례(2)

▲ 대그룹 나눔 다례(3)

참고자료

강인희(1996). 한국의 맛. 서울: 대한교과서주식회사.
강판권(2006). 차 한 잔에 담은 중국의 역사. 서울: 지호.
구영본, 신미경(2006). 글로벌시대의 차문화와 에티켓. 서울: 형설출판사.
김명배(1987). 일본의 다도. 서울: 보림사.
난보 소케이 저, 박전열 역(1993). 남방록. 서울: 시사일본어사.
모로오까 다모쓰 저, 김명배 역(1990). 조선의 차와 선. 서울: 보림사.
김명배(1991). 다도학. 서울: 학문사.
김명배(2001). 중국의 다도. 서울: 명문당.
김종태(1996). 차의 과학과 문화. 서울: 보림사.
김호철(2003). 한방식이요법학. 경희대학교출판국.
류건집(2007). 한국차문화사. 서울: 이른아침.
문정숙(2002). 한국전통다식의 감미결착제로서 올리고당 이용에 관한 연구. 성신여자대학교 문화산업대학원 석사학위논문.
박광순(2002). 홍차이야기. 서울: 다지리.
박명옥, 최배영(2006). 테마가 있는 예절이야기. 서울: 새로운사람들.
박홍관(2008). 한국 다도구 명칭 통일모형에 관한 연구. 원광대학교 대학원 박사학위논문.
빙허각 이씨 저, 정양완 역(1975). 규합총서. 서울: 보진재.
사치코(2007). 사치코의 일본차이야기. 서울: 이른아침.
(사)한국차인연합회(2008). 접빈 다례 행다례 CD-ROM.
서정향, 홍금이(2007). 우리 예절과 차생활. 부산: 도서출판 영남.
송해경(2009). 동다송의 새로운 연구. 서울: 지영사.

안덕균(2003). 한국본초도감(원색). 서울: 교학사.
오미정(2008). 차생활문화개론. 서울: 하늘북.
육우 저, 짱유화 역(2000). 다경. 서울: 남탑산방.
이목 저, 김길자 역(2000). 이목의 차노래. 서울: 두레미디어.
이진수(2006). 茶의 이해. 안양: (주)꼬레알리즘.
이철호, 김선영(1991). 한국 전통음료에 관한 문헌적 고찰. 한국식물화학회지 6(1).
일연 저, 최호 역(2008). 삼국유사. 서울: nnn.
예용해(1997). 차를 찾아서. 서울: 대원사.
임재항(2005). 내 몸에 좋은 건강약차 만들기 110선. 서울: 팜파스.
정경대(2006). 마시면 약이 되는 오행건강약차 108선. 서울: 이너북.
정구복 편저(2000). 새로 읽는 삼국사기. 서울: 동방미디어.
정동효(2005). 차의 과학. 서울: 대광서림.
정영선 편역(1998). 동다송. 서울: 너럭바위.
정영선(1990). 한국 茶文化. 서울: 너럭바위.
정은희(2007). 홍차 이야기. 서울: 살림.
정인오(2009). 국제차엽연구소 자료집.
조신호(1991). 한국 과정류의 역사적 고찰. 성신여자대학교 대학원 박사학위논문.
중국차엽유통협회(2005). 중국다예사 자격취득용 지정교재.
짱유화(2008). 다경강설. 서울: 도서출판 차와 사람.
초의 저, 전재인 역(2008). 사진으로 읽는 다신전. 서울: 이른아침.
최진규(2001). 약이 되는 우리 풀, 꽃, 나무. 서울: 한문화.
최진영(2003). 한재 이목의 茶精神 연구. 성신여자대학교 문화산업대학원 석사학위논문.
치우치핑 저, 김봉건 역(2005). 다경도설. 서울: 이른아침.
하동군(2007). 차와 하동.
한재종중관리위원회(1991). 한재문집.

최배영

▮ 약력

성신여자대학교 문화산업대학원 겸임교수
(사)예종원 이사
성신여자대학교 대학원 가정학 이학박사

▮ 주요 논문

「인간발달단계에 따른 茶禮교육모델 연구」
「외국인 한국어학습자들의 한국다도교육요구에 대한 조사연구」
「茶생활교육이 초등학교 1학년의 주의집중력에 미치는 효과」

장칠선

▮ 약력

계명대학교, 영남신학대학교 외래교수
(사)경주전통문화다례연구원 부원장
계명대학교 대학원 茶문화학 박사 수료
성신여자대학교 문화산업대학원 예절다도학전공 석사

▮ 주요 논문

「대학생의 예절·다도교육 요구에 대한 연구」
「대학생의 茶문화교육에 대한 관심도 연구」

박영숙

▮ 약력

서울장신대 외래교수, 성신여대 강사
장로회신학대학교 신학대학원, 샌프란시스코 신학대학원 졸업
성신여자대학교 문화산업대학원 예절다도학 졸업

▮ 주요 논문

「신학대학원생의 자아존중감, 예절수행 및 목회자 역할준비도 연구」
『급변하는 사회와 사회선교』

현대인의 茶생활

초판발행 | 2010년 3월 10일
중 쇄 | 2012년 12월 1일

지 은 이 | 최배영, 장칠선, 박영숙
펴 낸 이 | 채종준
펴 낸 곳 | 한국학술정보㈜
주 소 | 경기도 파주시 교하읍 문발리 파주출판문화정보산업단지 513-5
전 화 | 031) 908-3181(대표)
팩 스 | 031) 908-3189
홈페이지 | http://www.kstudy.com
E-mail | 출판사업부 publish@kstudy.com
등 록 | 제일산-115호(2000. 6. 19)

ISBN 978-89-268-0904-4 03590 (Paper Book)
978-89-268-0905-1 08590 (e-Book)

이담Books 는 한국학술정보(주)의 지식실용서 브랜드입니다.